Systematische Uebersicht

der

Silicate

von

C. Weltzien.

Giessen.
J. Ricker'sche Buchhandlung.
1864.

Einleitung.

Odling *) classificirte die Silicate (das Atomgewicht des Siliciums = 28 genommen) in 3 Gruppen :

1. Orthosilicate $M^4Si\Theta^4$, entsprechend den Orthphosphaten $M^3P\Theta^4$.
2. Metasilicate $M^2Si\Theta^3$, entsprechend den Metaphosphaten $MP\Theta^3$.
3. Intermediäre Silicate $M^6Si^2\Theta^7$, entsprechend den Pyrophosphaten $M^4P^2\Theta^7$.

Lavroff **) stellte, indem er die Fähigkeit des Siliciums, in mehreren Atomen in je ein Silicatmolecül einzutreten (type double, triple, quadruple etc.), hervorhob, für einzelne Silicate die entsprechenden Formeln auf.

Anschliefsend an die letztgenannte Abhandlung entwickelte Wurtz ***) seine Ansichten über die Polysilicate, indem er auf das Aethylen hinwiefs, bei welchem er die Möglichkeit der Einführung mehrerer Atome eines Radicals in ein Hydratmolecül und die Bildung verschiedener Hydrate auf experimentellem Wege bewiesen hatte. Ausführlicher bespricht dieser ausgezeichnete Forscher seine Ansichten

---

*) On ortho- and meta-silicates. Philos. Magaz. 1859. XVIII, p. 368. — Répert. chim. pure 1860, p. 45. — Jahresber. d. Chem. f. 1859, S. 151.

**) Répert. chim. pure 1860, p. 442.

***) Daselbst p. 449. — Sur quelques points de Philosophie chimique. Leçons professées à la société chimique de Paris en 1863, p. 166.

über die Combinationen in einem, vor der chemischen Gesellschaft in London gehaltenen Vortrag: sur l'oxyde d'éthylène, considéré comme lien entre la chimie organique et la chimie minérale *). In dieser Abhandlung giebt Wurtz auch eine kleine Tabelle der Kieselsäuren, in welcher nach der Horizontalen die Säuren mit zunehmendem Siliciumgehalt stehen, während nach der Verticalen die verschiedenen Hydrate derselben Kieselsäure mit demselben Siliciumgehalt aufgeführt sind.

Schon seit längerer Zeit war ich, von derselben Voraussetzung ausgehend, ebenfalls mit der Systematisirung der Silicate beschäftigt und bin schliefslich zu folgender Anordnung derselben gelangt.

Die Silicate werden auf Kieselsäuren bezogen, welche nach der Anzahl der vorhandenen Siliciumatome und der durch basile Metalle oder Radicale ersetzbaren Wasserstoffatome geordnet und benannt sind.

In beigehefteter Tabelle befinden sich in den verticalen Colonnen die Kieselsäuren mit demselben Siliciumgehalt, Mono-, Di-, Tri- bis Ennasiliciumsäure.

In der horizontalen stehen die Säuren mit demselben Gehalt an basilem Wasserstoff. Diese sind von unten nach oben numerirt, so dafs die erste Kieselsäure einer jeden Colonne 2 Atome Wasserstoff, die zweite 4, die dritte 6, die zehnte 20 Atome etc. Wasserstoff enthält.

Durch die griechische Benennung wird demnach die Anzahl der Siliciumatome, durch die Nummer der Säure die Anzahl der vorhandenen Wasserstoffatome angezeigt.

Diejenige Säure, welche so viele Wasserstoffatome enthält als die Einheiten der vorhandenen Siliciumatome betragen, ist die Orthosäure und diese entspricht den neutralen Salzen der betreffenden Siliciumsäure. In der Tabelle sind die Orthosäuren mit einem Rande eingefafst.

---

*) Ann. chim. phys. 3. Serie, LXIX, p. 355.

XII^{te}			$\left.\begin{matrix}\overset{''''}{Si}{}^{3}\\H^{24}\end{matrix}\right\}\Theta^{18}.$	$\left.\begin{matrix}\overset{''''}{Si}{}^{4}\\H^{24}\end{matrix}\right\}\Theta^{20}.$		$\left.\begin{matrix}\overset{''''}{Si}{}^{6}\\H^{24}\end{matrix}\right\}\Theta^{24}.$	$\left.\begin{matrix}\overset{''''}{Si}{}^{7}\\H^{24}\end{matrix}\right\}\Theta^{26}.$	$\left.\begin{matrix}\overset{''''}{Si}{}^{8}\\H^{24}\end{matrix}\right\}\Theta^{28}.$	$\left.\begin{matrix}\overset{''''}{Si}{}^{9}\\H^{24}\end{matrix}\right\}\Theta^{30}.$
XI^{te}						$\left.\begin{matrix}\overset{''''}{Si}{}^{6}\\H^{22}\end{matrix}\right\}\Theta^{23}.$	$\left.\begin{matrix}\overset{''''}{Si}{}^{7}\\H^{22}\end{matrix}\right\}\Theta^{25}.$	$\left.\begin{matrix}\overset{''''}{Si}{}^{8}\\H^{22}\end{matrix}\right\}\Theta^{27}.$	$\left.\begin{matrix}\overset{''''}{Si}{}^{9}\\H^{22}\end{matrix}\right\}\Theta^{29}.$
X^{te}			$\left.\begin{matrix}\overset{''''}{Si}{}^{3}\\H^{20}\end{matrix}\right\}\Theta^{16}.$	$\left.\begin{matrix}\overset{''''}{Si}{}^{4}\\H^{20}\end{matrix}\right\}\Theta^{18}.$	$\left.\begin{matrix}\overset{''''}{Si}{}^{5}\\H^{20}\end{matrix}\right\}\Theta^{20}.$	$\left.\begin{matrix}\overset{''''}{Si}{}^{6}\\H^{20}\end{matrix}\right\}\Theta^{22}.$	$\left.\begin{matrix}\overset{''''}{Si}{}^{7}\\H^{20}\end{matrix}\right\}\Theta^{24}.$	$\left.\begin{matrix}\overset{''''}{Si}{}^{8}\\H^{20}\end{matrix}\right\}\Theta^{26}.$	$\left.\begin{matrix}\overset{''''}{Si}{}^{9}\\H^{20}\end{matrix}\right\}\Theta^{28}.$
IX^{te}	$\left.\begin{matrix}\overset{''''}{Si}\\H^{18}\end{matrix}\right\}\Theta^{11}.$		$\left.\begin{matrix}\overset{''''}{Si}{}^{3}\\H^{18}\end{matrix}\right\}\Theta^{15}.$	$\left.\begin{matrix}\overset{''''}{Si}{}^{4}\\H^{18}\end{matrix}\right\}\Theta^{17}.$	$\left.\begin{matrix}\overset{''''}{Si}{}^{5}\\H^{18}\end{matrix}\right\}\Theta^{19}.$	$\left.\begin{matrix}\overset{''''}{Si}{}^{6}\\H^{18}\end{matrix}\right\}\Theta^{21}.$	$\left.\begin{matrix}\overset{''''}{Si}{}^{7}\\H^{18}\end{matrix}\right\}\Theta^{23}.$	$\left.\begin{matrix}\overset{''''}{Si}{}^{8}\\H^{18}\end{matrix}\right\}\Theta^{25}.$	$\left.\begin{matrix}\overset{''''}{Si}{}^{9}\\H^{18}\end{matrix}\right\}\Theta^{27}.$
VIII^{te}			$\left.\begin{matrix}\overset{''''}{Si}{}^{3}\\H^{16}\end{matrix}\right\}\Theta^{14}.$	$\left.\begin{matrix}\overset{''''}{Si}{}^{4}\\H^{16}\end{matrix}\right\}\Theta^{16}.$	$\left.\begin{matrix}\overset{''''}{Si}{}^{5}\\H^{16}\end{matrix}\right\}\Theta^{18}.$	$\left.\begin{matrix}\overset{''''}{Si}{}^{6}\\H^{16}\end{matrix}\right\}\Theta^{20}.$	$\left.\begin{matrix}\overset{''''}{Si}{}^{7}\\H^{16}\end{matrix}\right\}\Theta^{22}.$	$\left.\begin{matrix}\overset{''''}{Si}{}^{8}\\H^{16}\end{matrix}\right\}\Theta^{24}.$	$\left.\begin{matrix}\overset{''''}{Si}{}^{9}\\H^{16}\end{matrix}\right\}\Theta^{26}.$
VII^{te}		$\left.\begin{matrix}\overset{''''}{Si}{}^{2}\\H^{14}\end{matrix}\right\}\Theta^{11}.$		$\left.\begin{matrix}\overset{''''}{Si}{}^{4}\\H^{14}\end{matrix}\right\}\Theta^{15}.$	$\left.\begin{matrix}\overset{''''}{Si}{}^{5}\\H^{14}\end{matrix}\right\}\Theta^{17}.$	$\left.\begin{matrix}\overset{''''}{Si}{}^{6}\\H^{14}\end{matrix}\right\}\Theta^{19}.$	$\left.\begin{matrix}\overset{''''}{Si}{}^{7}\\H^{14}\end{matrix}\right\}\Theta^{21}.$	$\left.\begin{matrix}\overset{''''}{Si}{}^{8}\\H^{14}\end{matrix}\right\}\Theta^{23}.$	$\left.\begin{matrix}\overset{''''}{Si}{}^{9}\\H^{14}\end{matrix}\right\}\Theta^{25}.$
VI^{te}	$\left.\begin{matrix}\overset{''''}{Si}\\H^{12}\end{matrix}\right\}\Theta^{8}.$	$\left.\begin{matrix}\overset{''''}{Si}{}^{2}\\H^{12}\end{matrix}\right\}\Theta^{10}.$	$\left.\begin{matrix}\overset{''''}{Si}{}^{3}\\H^{12}\end{matrix}\right\}\Theta^{12}.$	$\left.\begin{matrix}\overset{''''}{Si}{}^{4}\\H^{12}\end{matrix}\right\}\Theta^{14}.$	$\left.\begin{matrix}\overset{''''}{Si}{}^{5}\\H^{12}\end{matrix}\right\}\Theta^{16}.$	$\left.\begin{matrix}\overset{''''}{Si}{}^{6}\\H^{12}\end{matrix}\right\}\Theta^{18}.$	$\left.\begin{matrix}\overset{''''}{Si}{}^{7}\\H^{12}\end{matrix}\right\}\Theta^{20}.$	$\left.\begin{matrix}\overset{''''}{Si}{}^{8}\\H^{12}\end{matrix}\right\}\Theta^{22}.$	$\left.\begin{matrix}\overset{''''}{Si}{}^{9}\\H^{12}\end{matrix}\right\}\Theta^{24}.$
Vte		$\left.\begin{matrix}\overset{''''}{Si}{}^{2}\\H^{10}\end{matrix}\right\}\Theta^{9}.$	$\left.\begin{matrix}\overset{''''}{Si}{}^{3}\\H^{10}\end{matrix}\right\}\Theta^{11}.$	$\left.\begin{matrix}\overset{''''}{Si}{}^{4}\\H^{10}\end{matrix}\right\}\Theta^{13}.$	$\left.\begin{matrix}\overset{''''}{Si}{}^{5}\\H^{10}\end{matrix}\right\}\Theta^{15}.$	$\left.\begin{matrix}\overset{''''}{Si}{}^{6}\\H^{10}\end{matrix}\right\}\Theta^{17}.$	$\left.\begin{matrix}\overset{''''}{Si}{}^{7}\\H^{10}\end{matrix}\right\}\Theta^{19}.$	$\left.\begin{matrix}\overset{''''}{Si}{}^{8}\\H^{10}\end{matrix}\right\}\Theta^{21}.$	$\left.\begin{matrix}\overset{''''}{Si}{}^{9}\\H^{10}\end{matrix}\right\}\Theta^{23}.$
IV^{te}	$\left.\begin{matrix}\overset{''''}{Si}\\H^{8}\end{matrix}\right\}\Theta^{6}.$	$\left.\begin{matrix}\overset{''''}{Si}{}^{2}\\H^{8}\end{matrix}\right\}\Theta^{8}.$	$\left.\begin{matrix}\overset{''''}{Si}{}^{3}\\H^{8}\end{matrix}\right\}\Theta^{10}.$	$\left.\begin{matrix}\overset{''''}{Si}{}^{4}\\H^{8}\end{matrix}\right\}\Theta^{12}.$	$\left.\begin{matrix}\overset{''''}{Si}{}^{5}\\H^{8}\end{matrix}\right\}\Theta^{14}.$	$\left.\begin{matrix}\overset{''''}{Si}{}^{6}\\H^{8}\end{matrix}\right\}\Theta^{16}.$	$\left.\begin{matrix}\overset{''''}{Si}{}^{7}\\H^{8}\end{matrix}\right\}\Theta^{18}.$	$\left.\begin{matrix}\overset{''''}{Si}{}^{8}\\H^{8}\end{matrix}\right\}\Theta^{20}.$	$\left.\begin{matrix}\overset{''''}{Si}{}^{9}\\H^{8}\end{matrix}\right\}\Theta^{22}.$
III^{te}	$\left.\begin{matrix}\overset{''''}{Si}\\H^{6}\end{matrix}\right\}\Theta^{5}.$	$\left.\begin{matrix}\overset{''''}{Si}{}^{2}\\H^{6}\end{matrix}\right\}\Theta^{7}.$	$\left.\begin{matrix}\overset{''''}{Si}{}^{3}\\H^{6}\end{matrix}\right\}\Theta^{9}.$	$\left.\begin{matrix}\overset{''''}{Si}{}^{4}\\H^{6}\end{matrix}\right\}\Theta^{11}.$	$\left.\begin{matrix}\overset{''''}{Si}{}^{5}\\H^{6}\end{matrix}\right\}\Theta^{13}.$	$\left.\begin{matrix}\overset{''''}{Si}{}^{6}\\H^{6}\end{matrix}\right\}\Theta^{15}.$	$\left.\begin{matrix}\overset{''''}{Si}{}^{7}\\H^{6}\end{matrix}\right\}\Theta^{17}.$	$\left.\begin{matrix}\overset{''''}{Si}{}^{8}\\H^{6}\end{matrix}\right\}\Theta^{19}.$	$\left.\begin{matrix}\overset{''''}{Si}{}^{9}\\H^{6}\end{matrix}\right\}\Theta^{21}.$
II^{te}	$\left.\begin{matrix}\overset{''''}{Si}\\H^{4}\end{matrix}\right\}\Theta^{4}.$	$\left.\begin{matrix}\overset{''''}{Si}{}^{2}\\H^{4}\end{matrix}\right\}\Theta^{6}.$	$\left.\begin{matrix}\overset{''''}{Si}{}^{3}\\H^{4}\end{matrix}\right\}\Theta^{8}.$	$\left.\begin{matrix}\overset{''''}{Si}{}^{4}\\H^{4}\end{matrix}\right\}\Theta^{10}.$	$\left.\begin{matrix}\overset{''''}{Si}{}^{5}\\H^{4}\end{matrix}\right\}\Theta^{12}.$	$\left.\begin{matrix}\overset{''''}{Si}{}^{6}\\H^{4}\end{matrix}\right\}\Theta^{14}.$	$\left.\begin{matrix}\overset{''''}{Si}{}^{7}\\H^{4}\end{matrix}\right\}\Theta^{16}.$	$\left.\begin{matrix}\overset{''''}{Si}{}^{8}\\H^{4}\end{matrix}\right\}\Theta^{18}.$	$\left.\begin{matrix}\overset{''''}{Si}{}^{9}\\H^{4}\end{matrix}\right\}\Theta^{20}.$
I^{te}	$\left.\begin{matrix}\overset{''''}{Si}\\H^{2}\end{matrix}\right\}\Theta^{3}.$	$\left.\begin{matrix}\overset{''''}{Si}{}^{2}\\H^{2}\end{matrix}\right\}\Theta^{5}.$	$\left.\begin{matrix}\overset{''''}{Si}{}^{3}\\H^{2}\end{matrix}\right\}\Theta^{7}.$	$\left.\begin{matrix}\overset{''''}{Si}{}^{4}\\H^{2}\end{matrix}\right\}\Theta^{9}.$	$\left.\begin{matrix}\overset{''''}{Si}{}^{5}\\H^{2}\end{matrix}\right\}\Theta^{11}.$	$\left.\begin{matrix}\overset{''''}{Si}{}^{6}\\H^{2}\end{matrix}\right\}\Theta^{13}.$	$\left.\begin{matrix}\overset{''''}{Si}{}^{7}\\H^{2}\end{matrix}\right\}\Theta^{15}.$	$\left.\begin{matrix}\overset{''''}{Si}{}^{8}\\H^{2}\end{matrix}\right\}\Theta^{17}.$	$\left.\begin{matrix}\overset{''''}{Si}{}^{9}\\H^{2}\end{matrix}\right\}\Theta^{19}.$

Tabelle zu Seite IV.

	Mono-silicium-säure.	Di-silicium-säure.	Tri-silicium-säure.	Tetra-silicium-säure.	Penta-silicium-säure.	Hexa-silicium-säure.	Hepta-silicium-säure.	Octa-silicium-säure.	Enna-silicium-säure.
XXIVte									
XXIIIte									
XXIIte									
XXIte								$\left.{\overset{''''}{Si}{}^{8} \atop H^{42}}\right\}\Theta^{37}$.	$\left.{\overset{''''}{Si}{}^{9} \atop H^{42}}\right\}\Theta^{39}$.
XXte			$\left.{\overset{''''}{Si}{}^{3} \atop H^{40}}\right\}\Theta^{26}$.	$\left.{\overset{''''}{Si}{}^{4} \atop H^{40}}\right\}\Theta^{28}$.					$\left.{\overset{''''}{Si}{}^{9} \atop H^{40}}\right\}\Theta^{38}$.
XIXte									
XVIIIte			$\left.{\overset{''''}{Si}{}^{3} \atop H^{36}}\right\}\Theta^{24}$.			$\left.{\overset{''''}{Si}{}^{6} \atop H^{36}}\right\}\Theta^{30}$.			$\left.{\overset{''''}{Si}{}^{9} \atop H^{36}}\right\}\Theta^{36}$.
XVIIte								$\left.{\overset{''''}{Si}{}^{8} \atop H^{34}}\right\}\Theta^{33}$.	$\left.{\overset{''''}{Si}{}^{9} \atop H^{34}}\right\}\Theta^{35}$.
XVIte	$\left.{\overset{''''}{Si} \atop H^{32}}\right\}\Theta^{18}$.			$\left.{\overset{''''}{Si}{}^{4} \atop H^{32}}\right\}\Theta^{24}$.			$\left.{\overset{''''}{Si}{}^{7} \atop H^{32}}\right\}\Theta^{30}$.	$\left.{\overset{''''}{Si}{}^{8} \atop H^{32}}\right\}\Theta^{32}$.	$\left.{\overset{''''}{Si}{}^{9} \atop H^{32}}\right\}\Theta^{34}$.
XVte		$\left.{\overset{''''}{Si}{}^{2} \atop H^{30}}\right\}\Theta^{19}$.			$\left.{\overset{''''}{Si}{}^{5} \atop H^{30}}\right\}\Theta^{25}$.	$\left.{\overset{''''}{Si}{}^{6} \atop H^{30}}\right\}\Theta^{27}$.		$\left.{\overset{''''}{Si}{}^{8} \atop H^{30}}\right\}\Theta^{31}$.	$\left.{\overset{''''}{Si}{}^{9} \atop H^{30}}\right\}\Theta^{33}$.

Alle Salze *unter* diesen Orthosäuren können als saure, alle *über* denselben als basische betrachtet werden.

In der Tabelle sind bis zur Ennasiliciumsäure nur diejenigen über den Orthosäuren befindlichen Kieselsäuren aufgeführt, von welchen entsprechende Silicate angenommen werden mufsten. Da die Nummer der Säuren halb so grofs ist als die Anzahl der in denselben enthaltenen Wasserstoffatome, so ist die Orientirung sehr leicht. Z. B. die 5te Tetrasiliciumsäure enthält 4 Atome Silicium mit $4 \times 4 = 16$ Einheiten, ferner $5 \times 2 = 10$ Wasserstoffatome, zusammen 26 Einheiten und demnach 13 Sauerstoffatome $\left.\begin{matrix}\overset{''''}{Si}^4\\ H^{10}\end{matrix}\right\} \Theta^{13}$.

Unter den betreffenden Säuren sind die vorkommenden Silicate aufgeführt. Diese unterscheiden sich durch den verschiedenen Typus, welchem sie angehören und welcher durch eine Formel ausgedrückt ist, in welcher die allgemeinen Bezeichnungen R, $\overset{''}{R}$, $\overset{'''}{R}$ und $\overset{vi}{R}$ gebraucht sind und welche gleichwerthige Elemente oder Radicale bedeuten, die sich in den Molecülen gegenseitig vertreten können.

Unter dieser allgemeinen Formel steht die Normalzusammensetzung. Diese ist auf Elemente und Radicale, daneben aber auch auf Oxyde gerechnet und zwar ist für die gleichwerthigen nur ein Element und ein Oxyd gewählt. Bei vorkommendem Fall müssen die in einer Mineralanalyse gefundenen gleichwerthigen Elemente oder Oxyde auf diese umgerechnet werden, um die erhaltenen Werthe mit dieser Normalzusammensetzung vergleichen zu können.

Diejenigen Silicate, für welche verschiedene Formeln aufgestellt sind, finden sich bei den, denselben entsprechenden verschiedenen Kieselsäuren wiederholt aufgeführt. An jeder Stelle ist aber auch auf diejenigen Kieselsäuren hingewiesen, unter welchen dasselbe Mineral noch vorkommt.

Da nun sehr viele Silicate aus diesem Grunde an verschiedenen Stellen eingereiht werden mufsten, so ersieht man daraus, dafs deren wirkliche Zusammensetzung noch nicht gekannt ist.

Anfangs hatte ich vor, für diese Mineralien aus dem vorhandenen analytischen Material die wahrscheinlichsten Formeln selbst herauszurechnen, mufste aber diesen Plan aufgeben, weil meine Zeit mir nicht erlaubte die bedeutende Zahl von Umrechnungen vorzunehmen, ferner weil die vorhandenen Analysen zu wenig Uebereinstimmung zeigen und ein grofser Theil derselben nicht brauchbar ist. Doch habe ich bei einzelnen Mineralien, z. B. bei den Glimmern, Turmalinen etc. diesen Versuch gemacht, ohne damit behaupten zu wollen, dafs die von mir aufgestellten Formeln defshalb der wirkliche Ausdruck der Zusammensetzung dieser Körper seien.

Uebrigens haben die in dieser Richtung von mir angestellten Versuche die Publication vorliegender Arbeit, welche im Wesentlichen schon vor 2 Jahren fertig war, verzögert.

Nach diesen Auseinandersetzungen bestimmt sich die Individualität eines Silicats:

Durch die Reihe, welcher es angehört; diese hängt von der *Anzahl der vorhandenen Siliciumatome* ab.

Durch die Gruppe; für diese ist die *Summe der vorhandenen Metall- und Radical-Einheiten* mafsgebend.

Durch den Typus; dieser verlangt eine *bestimmte Anzahl* von Elementen oder Radicalen von *bestimmter Atomigkeit.* In demselben Typus unterscheiden sich die *Varietäten,* welche durch gegenseitige Substitution gleichwerthiger Elemente oder Radicale entstehen, und ferner die wasserfreien Silicate und diejenigen, in welchen Krystallwasser angenommen werden mufste. (Z. B. Augithydrate s. S. 2.)

Dieses als Krystallwasser geschriebene Wasser wird aber in vielen Fällen zur wesentlichen Zusammensetzung des chemischen und nicht blos zum physikalischen Molecül gehören. Unter dieser Voraussetzung müfste das bezügliche Silicat unter einem anderen Hydrat derselben Kieselsäure stehen und zwar unter einem gerade um so viel höheren als Wassermolecüle angegeben sind. Wenn z. B. das Wasser im Dioptas Krystallwasser ist, so ist die Formel dieses

Minerals $\left.\begin{matrix}\overset{''''}{Si}\\ \overset{''}{Cu}\end{matrix}\right\}\Theta^3 + H^2\Theta$ und er mufs zur 1ten Monosiliciumsäure gestellt werden, gehört aber dieses Wasser zum chemischen Molecül, so wäre die Formel $\left.\begin{matrix}\overset{''''}{Si}\\ \overset{''}{Cu}\\ H^2\end{matrix}\right\}\Theta^4$ und das Mineral leitete sich von der 2ten Monosiliciumsäure ab.

Ich hatte ursprünglich alle derartige Silicate an 2 Stellen angeführt, formulirte aber schliefslich dieselben alle mit Krystallwasser, um den Umfang dieser Arbeit nicht zu sehr auszudehnen.

Dafür, dafs der Wasserstoff dieses Wassers ganz oder zum Theil wirklich basiler Art sein könnte, spricht die Constitution der später noch zu besprechenden Silico-Deciwolframate, Silico-Wolframate und Wolframyl-Silicate von Marignac.

Andererseits geht aus den Untersuchungen von Bunsen über die Bildung der Zeolithe und zeolithischen Mandelsteine hervor, dafs ein wasserhaltiges Silicat*), in welchem das Wasser wohl als Krystallwasser betrachtet werden mufs, nicht nur in der Glühhitze entstehen, sondern sich auch erhalten kann, obgleich dasselbe, nachdem es einmal abgeschieden und von seiner Umgebung getrennt ist, schon bei 109° 5/6 und noch unter der Glühhitze alles Wasser wieder verlieren kann.

Die Quellen, aus welchen ich schöpfte, sind : zunächst und hauptsächlich das ausgezeichnete, mit so vieler Gründlichkeit bearbeitete Handbuch der Mineralchemie von Rammelsberg (Leipzig 1860); ferner L. Gmelin's Handbuch der Chemie, 5. Aufl.; B. von Ammon, einige Silicate der

---

*) Poggend. Ann. LXXXIII, S. 197; Jahresber. d. Chem. f. 1851, S. 851. — Diesem Silicat kommt die Formel $\left.\begin{matrix}\overset{''''}{Si}\\ \overset{''}{Ca}\end{matrix}\right\}\Theta^3 + 6H^2\Theta$ zu. Es gehört somit zu den Augithydraten S. 2, an welcher Stelle dasselbe aufzunehmen ich übersehen habe.

Alkalien und Erden (Köln 1862) und von 1861 an (alle früher publicirten Thatsachen finden sich in Rammelsberg's Werk) den Jahresbericht über die Fortschritte der Chemie von H. Kopp und H. Will.

Indem ich in Folgendem in conciser Form das gebe, was man bezüglich der Silicate, ihrer Zusammensetzung nach, weifs, wenn man die Ergebnisse der Analyse vom Standpunkt der neueren Chemie betrachtet, so möchte ich die Aufmerksamkeit der Chemiker und Mineralogen auf's Neue auf die Mineralien, zunächst die Silicate leiten.

Den Mineralien, als chemischen Individuen, kommt eine ganz bestimmte Zusammensetzung zu. Je nach den verschiedenen Fundorten zeigen dieselben Mineralien Verschiedenheiten in den Krystallcombinationen, in der Farbe, im specifischen Gewicht etc. Die Ursache dieser Erscheinung hängt von der Verschiedenheit der Umstände, unter welchen die Ausscheidung stattfand (Verschiedenheiten der Druck- und Temperaturverhältnisse etc.) und der Fähigkeit gleichwerthiger, isomorpher Elemente, sich gegenseitig zu substituiren, ab. Endlich rühren die Verschiedenheiten von den Beimengungen von Substanzen her, welche zur Zusammensetzung des Minerals nicht gehören. Jeder praktische Chemiker weifs, welche Schwierigkeiten es mitunter hat, einen Körper durch Krystallisation vollkommen rein von gleichzeitig in der Mutterlauge sich findenden Substanzen darzustellen, und oft wird erst nach wiederholten Krystallisationen der Zweck erreicht. Die Mineralien sind aber nur durch eine einmalige Krystallisation entstanden, schliefsen defshalb meistens fremde, ihnen nicht angehörende Substanzen ein, welche in der Analyse nicht unter den wesentlichen Bestandtheilen erscheinen. Das Streben, alle bei der Analyse gefundenen Körper in die Formel des Minerals zu bringen, führte zu einem wahren Mifsbrauch des Gesetzes der Isomorphie. Die Thonerde und die Borsäure sollten die Kieselsäure ersetzen, die Monoxyde sogar 3 HO substituiren können etc. So haben sich in der Mineralogie Anschauungen gebildet, welche nach chemischen Grundsätzen absolut unzulässig sind.

Für den, aus den Gneifsvarietäten des Erzgebirges stammenden, Glimmer sind in der neusten Zeit folgende 5 Formeln aufgestellt worden *) :

$$1)\quad 2[3(RO), SiO^3] + 3[R^2O^3, SiO^3] = \left.\begin{matrix}\overset{''''}{Si}{}^{15}\\ \overset{VI}{R}{}^{6}\\ \overset{''}{R}{}^{12}\end{matrix}\right\}\Theta^{60}.$$

$$2)\quad 3(RO), SiO^3 + R^2O^3, SiO^3 = \left.\begin{matrix}\overset{''''}{Si}{}^{6}\\ \overset{VI}{R}\\ \overset{''}{R}{}^{3}\end{matrix}\right\}\Theta^{18}.$$

$$3)\quad (RO), SiO^3 + R^2O^3, SiO^3 = \left.\begin{matrix}\overset{''''}{Si}{}^{3}\\ \overset{VI}{R}\\ \overset{''}{R}\end{matrix}\right\}\Theta^{10}.$$

$$4)\quad 9(RO), 4SiO^3 + 4(3R^2O^3, 4SiO^3) = \left.\begin{matrix}\overset{''''}{Si}{}^{3}\\ \overset{VI}{R}{}^{12}\\ \overset{''}{R}{}^{9}\end{matrix}\right\}\Theta^{105}.$$

$$5)\quad 9(RO), 4SiO^3 + 3(3R^2O^3, 4SiO^3) = \left.\begin{matrix}\overset{''''}{Si}{}^{24}\\ \overset{VI}{R}{}^{9}\\ \overset{''}{R}{}^{9}\end{matrix}\right\}\Theta^{89}.$$

Wird wohl ein Chemiker, welcher die hier zur Analyse gelangten Materialien berücksichtigt, diese Formeln als Ausdruck der Zusammensetzung des Glimmers zulassen? Um aber diese zu entwickeln, mufste die Substituirbarkeit von RO durch 3HO angenommen werden.

Die Staurolithe **) sollen in einer ganz ähnlichen Beziehung zu einander stehen, wie die entsprechenden Glieder der Feldspathgruppe. In letzteren soll die Verbindung $\dot{R}\ddot{R}$ mit variablen Mengen von Kieselsäure ohne wesentliche

---

*) Th. Scheerer, Jahresber. d. Chem. f. 1861, S. 1001.

**) Rammelsberg, Poggend. Ann. CXIII, S. 609. 1861.

Aenderung der Krystallform verbunden sein, die Staurolithe sollen dagegen die Combination $\dot{R}\overset{\cdots}{\bar{R}}^2$ enthalten. Die allgemeine Formel dieser Mineralien würde $\dot{R}\overset{\cdots}{\bar{R}}^2 + \ddot{Si}^n$, ihre Isomorphie aber unabhängig von der Gröfse n sein.

Eine derartige Anschauung steht in directem Widerspruch mit dem Begriff eines chemischen Individuums.

Die angeführten Auffassungen so gediegener Forscher und bedeutender Autoritäten auf dem Felde der Mineralchemie rufen zwingend das Bedürfnifs hervor, den Errungenschaften der modernen Chemie auch auf diesem Gebiete Eingang zu verschaffen. Diese Errungenschaften bestehen in einer exacteren Feststellung der Begriffe der Atome, Radicale und Molecüle, der Erkenntnifs ihrer Atomigkeit und, infolge der gröfseren Läuterung dieser Begriffe, in der mehr kritischen Würdigung der Körper, rücksichtlich ihrer gegenseitigen Substituirbarkeit.

Die chemischen Molecüle sind Combinationen von Elementar- oder Radicalatomen.

Derartiger Elementar- oder Radicalatome können wir, wenn wir den Kohlenstoff und seine Combinationen weglassen, 107 annehmen.

In folgenden Tabellen sind diese Elementar- und Radicalatome der sogenannten unorganischen oder Mineralchemie nach ihren Atomigkeiten in Abtheilungen gebracht. In diesen ordnen sie sich so, dafs diejenigen, welche gewisse Gemeinschaftlichkeiten der Beziehungen haben, in derselben Horizontalen sich befinden. Die Stellung in dieser ist endlich durch die Gröfse des Atomgewichtes bedingt.

I. Einatomige Elemente und Radicale.

Einatomige Metalloïde.

H(1)

F(19) Cl(35,5) Br(80) J(127).

Einatomige Metalle.

Li(7) Na(23)
K(39) Rb(85) Cs(123)
Ag(108) Tl(204)

Einatomige Radicale.

ClO(51,5) BrO(96) Radicale der chlorigen und bromigen Säure.

ClO^2(67,5) BrO^2(112) JO^2(159) Radicale der Chlor-, Brom- und Jodsäure.

ClO^3(83,5) JO^3(175) Radicale der Ueberchlor- und Ueberjodsäure.

NO(30) *) Radical der salpetrigen Säure.

NO^2(46) *) Radical der Salpetersäure.

feO^3(104) mnO^3 Radicale der Eisen- und Permangansäure.

H^4N Ammonium.

II. Zweiatomige Elemente und Radicale.

Zweiatomige Metalloïde.

$\overset{\prime\prime}{O}$(16) $\overset{\prime\prime}{S}$(32) $\overset{\prime\prime}{Se}$(80) $\overset{\prime\prime}{Te}$(128).

Zweiatomige Metalle.

$\overset{\prime\prime}{Ca}$(40) $\overset{\prime\prime}{Sr}$(88) $\overset{\prime\prime}{Ba}$(157) $\overset{\prime\prime}{Pb}$(208)
$\overset{\prime\prime}{Be}$(14) $\overset{\prime\prime}{Y}$(64) $\overset{\prime\prime}{ce}$(92) $\overset{\prime\prime}{La}$(92) $\overset{\prime\prime}{D}$(96) $\overset{\prime\prime}{Th}$(114)
$\overset{\prime\prime}{Mg}$(24) $\overset{\prime\prime}{cr}$(53) $\overset{\prime\prime}{mn}$(55) $\overset{\prime\prime}{fe}$(56) $\overset{\prime\prime}{ni}$(58) $\overset{\prime\prime}{co}$(59) $\overset{\prime\prime}{Zn}$(64)
$\overset{\prime\prime}{Cd}$(112) $\overset{\prime\prime}{u}$(120)
$\overset{\prime\prime}{Cu}$(63) $\overset{\prime\prime}{Hg}$(200)
$\overset{\prime\prime}{ir}$(198) $\overset{\prime\prime}{os}$(198)

---

*) Nitroxyl und Nitrodioxyl. S. Weltzien, Ann. Chem. Pharm, CXV, S. 226 und CXXII, S. 1 Anmerkung.

$\overset{''}{\mathrm{Ru}}$(104) $\overset{''}{\mathrm{Rh}}$(104)
$\overset{''}{\mathrm{Pd}}$(106) $\overset{''}{\mathrm{Pt}}$(197)
$\overset{''}{\mathrm{Mo}}$(92) $\overset{''}{\mathrm{Va}}$(137) $\overset{''}{\mathrm{Wo}}$(184).

Zweiatomige Radicale.

$\overset{''}{\mathrm{SO}}$(48) *) $\overset{''}{\mathrm{SeO}}$(96) $\overset{''}{\mathrm{TeO}}$(144) Radicale der schwefligen, selenigen und tellurigen Säure.

$\overset{''}{\mathrm{SO^2}}$(64) $\overset{''}{\mathrm{crO^2}}$(85) $\overset{''}{\mathrm{SeO^2}}$(112) $\overset{''}{\mathrm{TeO^2}}$(160) $\overset{''}{\mathrm{mnO^2}}$(187) Radicale der Schwefel-, Chrom-, Selen-, Tellur- und Mangansäure.

$\overset{''}{\mathrm{S^2O}}$(80) Radical der unterschwefligen Säure.
$\overset{''}{\mathrm{S^2O^4}}$(128) „ „ Unterschwefelsäure.
$\overset{''}{\mathrm{S^3O^4}}$(160) „ „ Trithionsäure.
$\overset{''}{\mathrm{S^4O^4}}$(192) „ „ Tetrathionsäure.
$\overset{''}{\mathrm{S^5O^4}}$(224) „ „ Pentathionsäure.

$\overset{''}{\mathrm{MoO^2}}$(124) $\overset{''}{\mathrm{VaO^2}}$(169) $\overset{''}{\mathrm{WO^2}}$(216) Radicale der Molybdän-, Vanadin- und Wolframsäure.

$\overset{''}{\mathrm{osO^2}}$(231) Radical der Osmiumsäure.
$\overset{''}{\mathrm{NbO}}$(113,5) „ „ Unterniobsäure.
$\overset{''}{\mathrm{NbO^2}}$(243) $\overset{''}{\mathrm{TaO^2}}$(400) Radicale der Niob- und Tantalsäure.

III. Dreiatomige Elemente und Radicale.

Dreiatomige Metalloïde.

$\overset{'''}{\mathrm{B}}$(11)
$\overset{'''}{\mathrm{N}}$(14) $\overset{'''}{\mathrm{P}}$(31) $\overset{'''}{\mathrm{As}}$(75) $\overset{'''}{\mathrm{Sb}}$(129) $\overset{'''}{\mathrm{Bi}}$(208).

---

*) Diese Schwefel-Sauerstoffradicale könnte man vielleicht in folgender Weise benennen: SO Thioxyl; SO^2 Thiodioxyl; S^2O Dithioxyl; S^2O^4 Dithiotetroxyl; S^3O^4 Trithiotetroxyl; S^4O^4 Tetrathiotetroxyl; S^5O^4 Pentathiotetroxyl.

Dreiatomige Metalle.

$\overset{'''}{Au}$(196)

Dreiatomige Radicale.

$\overset{'''}{P}O$(47) $\overset{'''}{As}O$(91) $\overset{'''}{Sb}O$(145) Radicale der Phosphor-, Arsen- und Antimonsäure.

$\overset{'''}{P}S$(63) $\overset{'''}{As}S$(107) $\overset{'''}{Sb}S$(161) Radicale der Sulphophosphor-, Sulpharsen- und Sulphantimonsäure.

IV. Vieratomige Elemente.

$\overset{''''}{Si}$(28) $\overset{''''}{Ti}$(50) $\overset{''''}{Sn}$(116) $\overset{''''}{Zr}$(134)
$\overset{''''}{Nb}$(97,5) $\overset{''''}{Ta}$(368)
($\overset{''''}{C}$(12)).

V. Sechsatomig functionirende zweiatomige Elemente.

$\overset{vi}{Al}$(55) $\overset{vi}{Cr}$(106) $\overset{vi}{Mn}$(110) $\overset{vi}{Fe}$(112) $\overset{vi}{Co}$(118)
$\overset{vi}{Ni}$(118)
$\overset{vi}{Ce}$(184)
$\overset{vi}{U}$(240)
$\overset{vi}{Ir}$(396) $\overset{vi}{Os}$(396).

Diese 107 Einheiten der Mineralchemie nach Atomigkeiten geordnet betragen demnach :

			Summa
Einatomige	Metalloïde	5	
„	Metalle	7	= 24
„	Radicale	12	
Zweiatomige	Metalloïde	4	
„	Metalle	30	= 54
„	Radicale	20	
Dreiatomige	Metalloïde	6	
„	Metalle	1	= 13
„	Radicale	6	
Vieratomige	Elemente	6	6
Sechsatomige	Elemente	10	10
	Summa	107	107.

Demnach mit Ausnahme des Kohlenstoffs 69 Elemente und 38 Radicale.

Unter den Elementen kommen neun in der Tabelle zweimal vor und zwar : das Cer, Chrom, Mangan, Eisen, Nickel, Kobalt, Uran, Iridium und Osmium und zwar unter den zweiatomigen Metallen mit kleinen, $= \overset{''}{r}$, und unter der Bezeichnung : als sechsatomig functionirende zweiatomige Elemente, $2\overset{''}{r} = \overset{VI}{R}$, mit grofsen Buchstaben bezeichnet.

Diesen Bezeichnungsweisen entsprechend, würden die Benennungen mit der Endsilbe *ür* für die zweiatomigen und *id* für die sechsatomigen Wirkungsgröfsen nicht unpassend sein, also Cerür und Cerid, Chromür und Chromid, Manganür und Manganid, Ferrür und Ferrid etc. *).

Da ich übrigens der Ansicht Kekulé's **) bin, dafs die Atomigkeit eine Grundeigenschaft der Elemente sei und somit einem jeden Elemente nur *eine* Atomigkeit zukommen könne, so ist diese Bezeichnung nur eine aus Zweckmäfsigkeitsgründen gewählte und bedeutet eigentlich nur Aequivalenz.

---

*) S. Weltzien, Ann. Chem. Pharm. CXV, S. 220.

**) Comp. rend. LVIII, p. 510.

Das Aluminium ist vielleicht wirklich ein sechsatomiges Element, bei den übrigen scheint sich die Sache so zu verhalten, dafs, nachdem diese zweiatomigen Elemente ihre Anziehung gegen 2 Einheiten geäufsert haben, die 2 entstandenen Molecüle eine fernere Anziehung zu 2 weiteren Einheiten üben. Diese Anziehung ist aber viel schwächer, daher zersetzen sich Ferrid-, Manganid- etc. Salze sehr leicht, Nickelid bildet keine Salze etc. Im Ferridchlorür*) verhalten sich 2 Atome Chlor fast wie freies Chlor (das Molecül ist nach Schönbein ein Ozonid), ein Ferridjodür existirt nicht etc.

Beim Kupfer, welches ebenfalls als Cuprür und Cuprid und beim Quecksilber, welches als Mercurür und Mercurid functionirt, erklärt sich nach Kekulé dieses Verhalten durch die Fähigkeit der Atome desselben Elements sich zu combiniren und so eine Anzahl von Verwandtschaftseinheiten zu binden.

Nach der von diesem Forscher angewendeten graphischen Darstellungsweise könnte dieses Verhalten folgendermafsen dargestellt werden :

Hydrargyrür-		Hydrargyrid-	
-chlorür **)	-oxyd.	-chlorür	-oxyd.

*) Die Dampfdichte des Ferridchlorürs (St. Claire Deville und Troost, Compt. rend. XLV, p. 821; Ann. Chem. Pharm. CV, S. 213) spricht für die Sechsatomigkeit des Ferrids. Mit Berücksichtigung der specifischen Wärme, nach welcher im Molecül Ferridchlorür 2 Atome Eisen enthalten sind, würde der passendste Ausdruck für diese Vorgänge wohl sein : $\overset{''}{fe} + Cl^2 = \overset{''}{fe}Cl^2;\ 2\overset{''}{fe}Cl^2 + Cl^2 = \overset{VI}{Fe}Cl^6$.

**) Die abnorme Dampfdichte, welche das Hydrargyrürchlorür zeigt, erklärt sich, nach den Versuchen von Odling (Journ. of the chem. soc. II, p. 211) und Erlenmeyer (Ann. Chem. Pharm. CXXXI, S. 124) durch Dissociation des Molecüls in $HgCl^2$ + Hg.

In ähnlicher Weise erklären sich auch die Combinationen zweier Elemente in mehrfachen Verhältnissen zu verschiedenen Radicalen.

Doch die näheren Entwickelungen dieser geistreichen Auffassungen hat die chemische Welt demnächst von Kekulé, welcher zuerst den Begriff der Atomigkeiten der Elemente in die Chemie einführte, zu erwarten.

Was die Formulirung der Verbindungen betrifft, so bediene ich mich der typischen Schreibweise, weil diese die wenigsten hypothetischen Voraussetzungen macht, am übersichtlichsten die vorkommenden Einheiten hervortreten und ihre sonstigen Beziehungen zu einander erkennen läfst. Hypothetisch ist nur die Aufstellung gewisser Radicale und die Annahme, dafs diesen und den Elementen eine bestimmte Atomigkeit zukomme. Diese Voraussetzungen sind aber der einfachste Ausdruck zur Erklärung vorkommender Thatsachen. Jedenfalls glaube ich, dafs die Zeit gekommen ist, die dualistischen Formeln ganz aufzugeben, denn die Annahme näherer Bestandtheile, wie sie die electrochemische Theorie verlangt, hat, abgesehen von dem Unerwiesenen, den Nachtheil, dafs sich die complicirteren Formeln kaum lesen lassen. So ertheilt Rammelsberg dem Skolopsit*) aus den Doleriten des Kaiserstuhls im Breisgau folgende Formel :

$$2RCl + 3[2(2RO, SiO^2) + 2R^2O^3, 3SiO^2] + 3[2(RO, SO^3)] + 3[2(2RO, SiO^2) + 2R^2O^3, 3SiO^2].$$

Diese Formel typisch geschrieben, gäbe :

$$\left.\begin{matrix} \overset{''''}{Si}{}^{60} \\ (\overset{''}{S}\Theta^2)^6 \\ \overset{VI}{R}{}^{24} \\ \overset{''}{R}{}^{56} \end{matrix}\right\} \begin{matrix} \Theta^{252} \\ Cl^4 \end{matrix} .$$

und das Mineral wäre demnach ein Hexekontasilicat.

*) Jahresber. d. Chem. f. 1862, S. 753.

Defsgleichen stellt derselbe Forscher für den Nosean *) folgende Formel auf :

$$NaCl + 3(NaO, SiO^2 + Al^2O^3, SiO^2) + 10[NaO, SO^3 + 3(NaO, SiO^2 + Al^2O^3, SiO^2)].$$

Typisch schriebe sich dieses Hexekontahexsilicat :

$$\left.\begin{array}{l} \overset{''''}{Si}{}^{66} \\ (\overset{''}{S}\Theta^2)^{10} \\ \overset{VI}{Al}{}^{33} \\ Na^{88} \end{array}\right\} \begin{array}{l} \Theta^{284} \\ Cl^2 \end{array} .$$

Wie ich nun den typischen Formeln wegen ihrer Uebersichtlichkeit den Vorzug gebe, so würde ich es auch, denselben entsprechend, für sehr zweckmäfsig halten, wenn bei den Analysen der sogenannten unorganischen Körper, besonders somit der Mineralien und Wasser **), die Elemente und Radicale, also die Einheiten, statt, wie bisher gebräuchlich, die Oxyde und die sogenannten wasserfreien Säuren aufgeführt würden.

Die Angabe von Salzen bei den Wasseranalysen nach gewissen, üblich gewordenen Affinitätsabstufungen, stützen sich vollends, da letztere nur relativ gedacht werden können, auf willkürliche Voraussetzungen.

Der Vergleich verschiedener Wasser rücksichtlich der in denselben enthaltenen Bestandtheile wird bei der Angabe derselben nach Elementen und Radicalen viel leichter, abgesehen davon, dafs hierbei das analytische Material für jede Umrechnung viel geeigneter ist.

Unter den Silicaten kommen einige vor, welche gleichzeitig auch andere acide Elemente oder Radicale enthalten und daher von mehreren Säuren abgeleitet werden müssen. Diese aciden Elemente oder Radicale sind :

---

*) Rammelsberg, Mineralchemie, S. 709.

**) Weltzien, Bestimmung der Salpetersäure in Wassern. Ann. Chem. Pharm. CXXXII, 215. — Bullet. d. l. soc. chim. T. II, p. 87.

1. Chlor und Fluor, so im Sodalith, Topas, Pikrofluit etc. Diese Verbindungen leiten sich von dem gemischten Typus: Wasser und Chlor- (Fluor)wasserstoffsäure ab:

$$\left.\begin{matrix}H^2\\H\end{matrix}\right\}\begin{matrix}\Theta\\Cl\end{matrix}; \quad \left.\begin{matrix}H^{10}\\H\end{matrix}\right\}\begin{matrix}\Theta^5\\Cl\end{matrix} \text{ etc.}; \quad \left.\begin{matrix}H^{26}\\H^4\end{matrix}\right\}\begin{matrix}\Theta^{13}\\F^4\end{matrix} \text{ etc.}$$

2. Zirkon und Titan, z. B. im Zirkon, Auerbachit, Eudialyt, Titanit etc. Diese Elemente gehören in dieselbe Gruppe wie das Silicium und sind mit diesem isomorph.

3. Bor; im Datolith, Botryolith etc. Diese Mineralien haben in dem Borsäureweinstein der sogenannten organischen Chemie ein Analogon.

4. In einigen wenigen Silicaten müssen die Radicale der Schwefel- und Kohlensäure angenommen werden, so im Hauyn, Skolopsit, Cancrinit etc.

Was die Constitution der letztgenannten Mineralien betrifft, so erschien mir die bisher angenommene etwas zweifelhaft. Indessen geht aus der schönen Untersuchung von Scheurer-Kestner, über die Combinationen des Ferrids $(\overset{VI}{Fe})$ *) hervor, dafs derartige Anschauungen nicht ohne Analogien sind, da ihm die Darstellung von Ferridmolecülen gelang, in welchen gleichzeitig die Radicale der Salpeter-, Essig- und Salzsäure in verschiedener Atomenzahl auftreten.

Von ganz besonderer Wichtigkeit für die Anschauungen über die Constitution gewisser siliciumhaltiger Molecüle, ist die ausgezeichnete Arbeit von Marignac über die Silico-Wolframsäuren **), von welchen ich nur einige in vorliegende systematische Uebersicht eingereiht habe, weil in denselben die Wolframsäure das Dominirende ist und sie defshalb zweckmäfsiger unter den Wolframaten abgehandelt würden. Doch gebe ich hier eine vollständige Zusammenstellung der bisher untersuchten Verbindungen, welche auch krystallographisch

---

*) Ann. chim. phys. [3] T. LXIII, p. 422 u. T. LXVIII, p. 472.

**) Compt. rend. T. LVIII, p. 809.

von besonderem Interesse sind und welche, nebst den, zum Theil prachtvoll krystallisirten Präparaten, der verehrte Verfasser mir zuzusenden die Freundlichkeit hatte.

Silico-Deciwolframsäure
(Acide silicodécitungstique.)

$$\left.\begin{matrix}\overset{\prime\prime\prime\prime}{Si}\\(\overset{\prime\prime}{W}\Theta^2)^{10}\\H^8\end{matrix}\right\}\Theta^{16} + 3H^2\Theta.$$

Kalium-Silico-Deciwolframat

$$\left.\begin{matrix}\overset{\prime\prime\prime\prime}{Si}\\(\overset{\prime\prime}{W}\Theta^2)^{10}\\K^4\\H^4\end{matrix}\right\}\Theta^{16} + 8H^2\Theta.$$

Ammonium-Silico-Deciwolframat

$$\left.\begin{matrix}\overset{\prime\prime\prime\prime}{Si}\\(\overset{\prime\prime}{W}\Theta^2)^{10}\\(H^4N)^8\end{matrix}\right\}\Theta^{16} + 8H^2\Theta.$$

Silico-Wolframsäure
(Acide silicotungstique.)
(Isomer mit Wolframsiliciumsäure.)

$$\left.\begin{matrix}\overset{\prime\prime\prime\prime}{Si}\\(\overset{\prime\prime}{W}\Theta^2)^{12}\\H^8\end{matrix}\right\}\Theta^{18} + 18H^2\Theta \text{ oder } 29H^2\Theta.$$

Kalium-Silico-Wolframat

$$\left.\begin{matrix}\overset{\prime\prime\prime\prime}{Si}\\(\overset{\prime\prime}{W}\Theta^2)^{12}\\K^4\\H^4\end{matrix}\right\}\Theta^{18} + 16H^2\Theta \quad \left.\begin{matrix}\overset{\prime\prime\prime\prime}{Si}\\(\overset{\prime\prime}{W}\Theta^2)^{12}\\K^8\end{matrix}\right\}\Theta^{18} + 14H^2\Theta$$

$$\text{und}\quad\left.\begin{matrix}\overset{\prime\prime\prime\prime}{Si^2}\\(\overset{\prime\prime}{W}\Theta^2)^{24}\\K^6\\H^{10}\end{matrix}\right\}\Theta^{36} + 25H^2\Theta.$$

Natrium-Silico-Wolframat $\left.\begin{array}{c}\overset{''''}{Si}\\(\overset{''}{W}\Theta^2)^{12}\\Na^2\\H^6\end{array}\right\}\Theta^{18} + 14\,H^2\Theta$

und $\left.\begin{array}{c}\overset{''''}{Si}\\(\overset{''}{W}\Theta^2)^{12}\\Na^4\\H^4\end{array}\right\}\Theta^{18} + \begin{array}{l}11\,H^2\Theta \text{ oder}\\18\,H^2\Theta.\end{array}$

Natrium-Nitro-Silico-Wolframat $\left.\begin{array}{c}\overset{''''}{Si^3}\\(\overset{''}{W}\Theta^2)^{36}\\(N\Theta^2)^4\\Na^{16}\\H^{12}\end{array}\right\}\Theta^{58} + 39\,H^2\Theta$ *).

Silber-Silico-Wolframat $\left.\begin{array}{c}\overset{''''}{Si}\\(\overset{''}{W}\Theta^2)^{12}\\Ag^4\\H^4\end{array}\right\}\Theta^{18} + 7\,H^2\Theta.$

Baryum-Silico-Wolframat $\left.\begin{array}{c}\overset{''''}{Si}\\(\overset{''}{W}\Theta^2)^{12}\\\overset{''}{Ba^2}\\H^4\end{array}\right\}\Theta^{18} + \begin{array}{l}14\,H^2\Theta \text{ oder}\\22\,H^2\Theta.\end{array}$

Baryum-Natrium-Silico-Wolframat $\left.\begin{array}{c}\overset{''''}{Si}\\(\overset{''}{W}\Theta^2)^{12}\\\overset{''}{Ba^3}\\Na^2\end{array}\right\}\Theta^{18} + 28\,H^2\Theta.$

---

*) Nach dieser Formel mufs die S. 26 aufgeführte corrigirt werden.

Calcium-Silico-Wolframat
$$\left.\begin{array}{c}\overset{''''}{\mathrm{Si}}\\(\overset{''}{\mathrm{W}}\Theta^{2})^{12}\\\overset{''}{\mathrm{Ca}}{}^{2}\\\mathrm{H}^{4}\end{array}\right\}\Theta^{18}+22\,\mathrm{H}^{2}\Theta.$$

Magnesium-Silico-Wolframat
$$\left.\begin{array}{c}\overset{''''}{\mathrm{Si}}\\(\overset{''}{\mathrm{W}}\Theta^{2})^{12}\\\overset{''}{\mathrm{Mg}}{}^{2}\\\mathrm{H}^{4}\end{array}\right\}\Theta^{18}+16\,\mathrm{H}^{2}\Theta.$$

Aluminium-Silico-Wolframat
$$\left.\begin{array}{c}\overset{''''}{\mathrm{Si}}{}^{3}\\(\overset{''}{\mathrm{W}}\Theta^{2})^{36}\\\overset{\mathrm{VI}}{\mathrm{Al}}{}^{2}\\\mathrm{H}^{12}\end{array}\right\}\Theta^{54}+87\,\mathrm{H}^{2}\Theta.$$

Ammonium-Aluminium-Silico-Wolframat
$$\left.\begin{array}{c}\overset{''''}{\mathrm{Si}}{}^{3}\\(\overset{''}{\mathrm{W}}\Theta^{2})^{36}\\\overset{\mathrm{VI}}{\mathrm{Al}}{}^{2}\\(\mathrm{H}^{4}\mathrm{N})^{18}\end{array}\right\}\Theta^{57}+75\,\mathrm{H}^{2}\Theta.$$

Wolframyl-Siliciumsäure
(Acide tungstosilicique.)
(Isomer mit Silico-Wolframsäure.)
$$\left.\begin{array}{c}\overset{''''}{\mathrm{Si}}\\(\overset{''}{\mathrm{W}}\Theta^{2})^{12}\\\mathrm{H}^{8}\end{array}\right\}\Theta^{18}+20\,\mathrm{H}^{2}\Theta.$$

Kalium-Wolframyl-Silicat
$$\left.\begin{array}{c}\overset{''''}{\mathrm{Si}}\\(\overset{''}{\mathrm{W}}\Theta^{2})^{12}\\\mathrm{K}^{4}\\\mathrm{H}^{4}\end{array}\right\}\Theta^{18}+7\,\mathrm{H}^{2}\Theta$$

und
$$\left.\begin{array}{c}\overset{''''}{\mathrm{Si}}\\(\overset{''}{\mathrm{W}}\Theta^{2})^{12}\\\mathrm{K}^{8}\end{array}\right\}\Theta^{18}+20\,\mathrm{H}^{2}\Theta.$$

Natrium-Wolframyl-Silicat $\left.\begin{matrix} \overset{''''}{Si} \\ (\overset{''}{W}\Theta^2)^{12} \\ Na^4 \\ H^4 \end{matrix}\right\} \Theta^{18} + 10\,H^2\Theta.$

Calcium-Wolframyl-Silicat $\left.\begin{matrix} \overset{''''}{Si} \\ (\overset{''}{W}\Theta^2)^{12} \\ \overset{''}{Ca}^2 \\ H^4 \end{matrix}\right\} \Theta^{18} + 20\,H^2\Theta.$

Aluminium-Wolframyl-Silicat $\left.\begin{matrix} \overset{''''}{Si}^3 \\ (\overset{''}{W}\Theta^2)^{36} \\ \overset{VI}{Al}^2 \\ H^{12} \end{matrix}\right\} \Theta^{54} + 75\,H^2\Theta.$

Carlsruhe im August 1864.

C. Weltzien.

Verbesserungen.

S. VIII, Zeile 6 von unten : *mit* statt *nicht*.

S. 4. Olivin. S. 6te Disiliciumsäure mufs entfernt werden.

S. 11. Wernerit. S. 8te Pentasiliciumsäure statt 8te Decasiliciumsäure.

S. 14. Chlorit. S. 42te Eikosihen- statt Eikosihexa-

S. 26. Na^{16} statt Na^{8}, H^{12} statt H^{4}, Θ^{58} statt Θ^{50}, 39 $H^{2}\Theta$ statt 38 $H^{2}\Theta$. S. S. XX.

S. 65. Glimmer. S. 14te Ennasiliciumsäure statt 4te.

S. 67. Zeuxit. S. 21te Octasiliciumsäure statt 17te.

S. 76. Anmerkung : 2) Magnesia-Eisen-Turmalin. S. 42te Octokaidecasiliciumsäure statt 30te.

2) Mangan-Turmalin. S. 26te Pentadecasiliciumsäure statt 24te.

S. 84. Kalium-Octokaidecasilicat statt Octodecasilicat.

Monosilicate.

I[ste] Monosiliciumsäure. $\left.\begin{matrix}\overset{''''}{Si}\\H^2\end{matrix}\right\}\Theta^3.$

(Kieselsäurehydrat von Graham.*))

Typus: $\left.\begin{matrix}\overset{''''}{Si}\\R^2\end{matrix}\right\}\Theta^3.$

Normalzusammensetzung: Si = 22,9; $Si\Theta^2$ = 49,1.
Na = 37,7; $Na^2\Theta$ = 50,9

Diäthyl-Monosilicat $\left.\begin{matrix}\overset{''''}{Si}\\(C^2H^5)^2\end{matrix}\right\}\Theta^3.$

Diäthyl-Dichlorür-Monosilicat $\left.\begin{matrix}\overset{''''}{Si}\\(C^2H^5)^2\end{matrix}\right\}\begin{matrix}\Theta^2\\Cl^2.\end{matrix}$

Dinatrium-Monosilicat $\left.\begin{matrix}\overset{''''}{Si}\\Na^2\end{matrix}\right\}\Theta^3.$

Mit folgenden Mengen Krystallwasser:

mit 6 $H^2\Theta$ (Fritzsche.)
„ 7 $H^2\Theta$ (Yorke.)
„ 8 $H^2\Theta$ (Hermann.)
„ 9 $H^2\Theta$ (Fritzsche.)

Dikalium-Monosilicat $\left.\begin{matrix}\overset{''''}{Si}\\K^2\end{matrix}\right\}\Theta^3.$ (H. Rose.)

---

*) Dieses durch Dialyse erhaltene Hydrat enthielt 22 % Wasser, entspräche demnach annähernd obiger Formel.

Typus: $\left.\begin{matrix}\overset{''''}{Si}\\ \overset{''}{R}\end{matrix}\right\}\Theta^3.$

Normalzusammensetzung: Si = 24,1; SiO^2 = 51,7.
Ca = 34,4; $Ca\Theta$ = 48,3.

Calcium-Monosilicat $\left.\begin{matrix}\overset{''''}{Si}\\ \overset{''}{Ca}\end{matrix}\right\}\Theta^3.$ (Ammon.)

Wollastonit $\left.\begin{matrix}\overset{''''}{Si}\\ \overset{''}{Ca}\end{matrix}\right\}\Theta^3.$

Baryum-Monosilicat $\left.\begin{matrix}\overset{''''}{Si}\\ \overset{''}{Ba}\end{matrix}\right\}\Theta^3.$ (Ammon.)

Augite und Hornblenden $\left.\begin{matrix}\overset{''''}{Si}\\ (\overset{''}{Zn}.\ \overset{''}{mn}.\ \overset{''}{fe}.\ \overset{''}{Mg}.\ \overset{''}{Ca})\end{matrix}\right\}\Theta^3.$

Hierher können gerechnet werden: **Grammatit, Tremolith, Strahlstein, Diopsid, Malakolith, Salit, Kokkolith, Funkit, Hedenbergit, Enstatit** (enthält fast nur Magnesium), **Anthophyllit, Grunerit, Pyroxenschlacke** (beide letzteren enthalten fast nur Ferrür), **Cummingtonit** (**Manganhornblende**, enthält hauptsächlich Manganür), **Bustamit, Manganaugit, Rhodonit, Pajsbergit, rother Mangankiesel, Kieselmangan** (die beiden letzteren sehr manganreich). **Jeffersonit** und **Fowlerit** sind zinkhaltig.

Auch dem **Broncit, Hypersthen***) und **Diallag** scheint dieselbe Zusammensetzung zuzukommen.

Augithydrate:

Pikrophyll $\left.\begin{matrix}\overset{''''}{Si}\\ \overset{''}{R}\end{matrix}\right\}\Theta^3 + \frac{2}{3}H^2\Theta.$

Aphrodit $\left.\begin{matrix}\overset{''''}{Si}\\ \overset{''}{R}\end{matrix}\right\}\Theta^3 + \frac{3}{4}H^2\Theta.$

Pikrosmin $\left.\begin{matrix}\overset{''''}{Si}\\ \overset{''}{R}\end{matrix}\right\}\Theta^3 + H^2\Theta$ und

Kerolith $\left.\begin{matrix}\overset{''''}{Si}\\ \overset{''}{R}\end{matrix}\right\}\Theta^3 + \frac{3}{2}H^2\Theta.$

---

*) S. 5te Pentasiliciumsäure.

Dioptas $\left.\begin{matrix}\overset{''''}{Si}\\ \overset{''}{Cu}\end{matrix}\right\}\Theta^3 + H^2\Theta$. S. 2te Mono- und 2te Trisiliciumsäure.

Kieselkupfer (Kupferblau; Chrysocoll.) $\left.\begin{matrix}\overset{''''}{Si}\\ \overset{''}{Cu}\end{matrix}\right\}\Theta^3 + 2H^2\Theta$.

IIte Monosiliciumsäure $\left.\begin{matrix}\overset{''''}{Si}\\ H^4\end{matrix}\right\}\Theta^4$.

(Orthomonosiliciumsäure.)

Typus: $\left.\begin{matrix}\overset{''''}{Si}\\ R^4\end{matrix}\right\}\Theta^4$.

Normalzusammensetzung: Si = 15,2; $Si\Theta^2$ = 32,6.
Na = 50,0; $Na\Theta$ = 67,4.

Teträthyl-Monosilicat $\left.\begin{matrix}\overset{''''}{Si}\\ (\mathrm{C}^2H^5)^4\end{matrix}\right\}\Theta^4$

Triäthyl-Chlorür-Monosilicat $\left.\begin{matrix}\overset{''''}{Si}\\ (\mathrm{C}^2H^5)^3\end{matrix}\right\}\begin{matrix}\Theta^3\\ Cl\end{matrix}$ *)

Triäthyl-Amyl-Monosilicat $\left.\begin{matrix}\overset{''''}{Si}\\ (\mathrm{C}^2H^5)^3\\ \mathrm{C}^5H^{11}\end{matrix}\right\}\Theta^4$.

Tetramyl-Monosilicat $\left.\begin{matrix}\overset{''''}{Si}\\ (\mathrm{C}^5H^{11})^4\end{matrix}\right\}\Theta^4$.

Tetranatrium-Monosilicat $\left.\begin{matrix}\overset{''''}{Si}\\ Na^4\end{matrix}\right\}\Theta^4$. (Scheerer.) **)

---

*) Typus: $\left.\begin{matrix}\overset{''''}{Si}\\ H^2\\ H\end{matrix}\right\}\begin{matrix}\Theta^3\\ \\ Cl\end{matrix}$ oder $\left.\begin{matrix}\overset{''''}{Si}\\ H^4\end{matrix}\right\}\Theta^4$, in welchem $H\Theta$ durch Cl substituirt ist, also $\left.\begin{matrix}\overset{''''}{Si}\\ H^3\end{matrix}\right\}\begin{matrix}\Theta^3.\\ Cl.\end{matrix}$

**) Ann. Chem. Pharm. CXVI, 129.

$$\textit{Typus:}\quad \left.\begin{matrix}\overset{''''}{Si}\\ \overset{''}{R}^2\end{matrix}\right\}\Theta^4.$$

Normalzusammensetzung: $Si = 20{,}0$; $Si\Theta^2 = 42{,}9$.
$Mg = 34{,}3$; $Mg\Theta = 57{,}1$.

Olivin $\left.\begin{matrix}(\overset{''''}{Ti}.\ \overset{''''}{Si})\\ (\overset{''}{mn}.\ \overset{''}{fe}.\ \overset{''}{Ca}.\ \overset{''}{Mg})^2\end{matrix}\right\}\Theta^4.$ S. 6te Disiliciumsäure.

Zu diesen rechnet man : **Forsterit, Boltonit, Chrysolith, Glinkit, Peridot, Hyalosiderit, Knebelit, Tephroït** (einzelne enthalten fast nur Manganür), **Titanolivin** (enthält bis zu 3,2 % Titan).

Fayalit und Frischschlacke $\left.\begin{matrix}\overset{''''}{Si}\\ \overset{''}{fe}^2\end{matrix}\right\}\Theta^4.$

Willemit $\left.\begin{matrix}\overset{''''}{Si}\\ \overset{''}{Zn}^2\end{matrix}\right\}\Theta^4.$

Troostit $\left.\begin{matrix}\overset{''''}{Si}\\ (\overset{''}{mn}.\ \overset{''}{Zn})^2\end{matrix}\right\}\Theta^4.$

Villarsit $\left.\begin{matrix}\overset{''''}{Si}\\ (\overset{''}{mn}.\ \overset{''}{fe}.\ \overset{''}{Mg})^2\end{matrix}\right\}\Theta^4 + \tfrac{1}{2}H^2\Theta.$

Kieselzinkerz (Wagit)*) $\left.\begin{matrix}\overset{''''}{Si}\\ \overset{''}{Zn}^2\end{matrix}\right\}\Theta^4 + H^2\Theta.$

Dioptas $\left.\begin{matrix}\overset{''''}{Si}\\ \overset{''}{Cu}\\ H^2\end{matrix}\right\}\Theta^4.$ S. 1te Monosiliciumsäure.

Thorit (Orangit) $\left.\begin{matrix}\overset{''''}{Si}\\ \overset{''}{Th}^2\end{matrix}\right\}\Theta^4 + 2H^2\Theta.$

---

*) Jahresber. d. Chem. f. 1861, S. 1005.

Phenakit $\left.\begin{matrix}\overset{''''}{Si}\\ \overset{''}{Be}{}^2\end{matrix}\right\}\Theta^4.$

Cerit $\left.\begin{matrix}\overset{''''}{Si}\\ (\overset{''}{Di}.\ \overset{''}{La}.\ \overset{''}{ce})^2\end{matrix}\right\}\Theta^4.$

Gadolinit $\left.\begin{matrix}\overset{''''}{Si}\\ (\overset{''}{Y}.\ \overset{''}{Di}.\ \overset{''}{La}.\ \overset{''}{ce})^2\end{matrix}\right\}\Theta^4.$

Typus: $\left.\begin{matrix}\overset{''''}{Si}\\ \overset{''''}{R}\end{matrix}\right\}\Theta^4.$

Normalzusammensetzung: Si = 12,4; $Si\Theta^2$ = 26,5.
Zr = 59,3; $Zr\Theta^2$ = 73,5.

Zirkon $\left.\begin{matrix}\overset{''''}{Si}\\ \overset{''''}{Zr}\end{matrix}\right\}\Theta^4.$

Malakon $\left.\begin{matrix}\overset{''''}{Si}\\ \overset{''''}{Zr}\end{matrix}\right\}\Theta^4 + \frac{1}{3}H^2\Theta.$

III^{te} Monosiliciumsäure $\left.\begin{matrix}\overset{''''}{Si}\\ H^6\end{matrix}\right\}\Theta^5.$

Typus: $\left.\begin{matrix}\overset{''''}{Si}\\ \overset{VI}{R}\end{matrix}\right\}\Theta^5.$

Normalzusammensetzung: Si = 17,2; $Si\Theta^2$ = 36,8.
Al = 13,7; $Al\Theta^3$ = 63,2.

Cyanit, Andalusit, Staurolith (von Airolo), Chiastolith, Talksteinmark. $\left.\begin{matrix}\overset{''''}{Si}\\ \overset{VI}{Al}\end{matrix}\right\}\Theta^5.$ S. 6te Di- und 12te Trisiliciumsäure.

Allophan $\left.\begin{matrix}\overset{''''}{Si}\\ \overset{VI}{Al}\end{matrix}\right\}\Theta^5 + 6H^2\Theta.$

IV^{te} Monosiliciumsäure $\left.\begin{matrix}\overset{''''}{Si}\\H^8\end{matrix}\right\}\Theta^6$.

Typus: $\left.\begin{matrix}\overset{''''}{Si}\\\overset{''}{R}^4\end{matrix}\right\}\Theta^6$.

Normalzusammensetzung: Si = 8,0; $Si\Theta^2$ = 17,2.
Fe = 64,4; $fe\Theta$ = 82,8.

Gahrschlacke $\left.\begin{matrix}\overset{''''}{Si}\\\overset{''}{fe}^4\end{matrix}\right\}\Theta^6$.

VI^{te} Monosiliciumsäure $\left.\begin{matrix}\overset{''''}{Si}\\H^{12}\end{matrix}\right\}\Theta^8$.

Typus: $\left.\begin{matrix}\overset{''''}{Si}\\\overset{VI}{R}^2\end{matrix}\right\}\Theta^8$.

Normalzusammensetzung: Si = 10,5; $Si\Theta^2$ = 22,6.
Al = 41,3; $Al\Theta^3$ = 77,4.

Kollyrit $\left.\begin{matrix}\overset{''''}{Si}\\\overset{VI}{Al}^2\end{matrix}\right\}\Theta^8 + 9H^2\Theta$.

IX^{te} Monosiliciumsäure $\left.\begin{matrix}\overset{''''}{Si}\\H^{18}\end{matrix}\right\}\Theta^{11}$.

Typus: $\left.\begin{matrix}\overset{''''}{Si}\\\overset{VI}{R}^2\\\overset{''}{R}^3\end{matrix}\right\}\Theta^{11}$.

Normalzusammensetzung: Si = 6,4; $Si\Theta^2$ = 13,8.
Al = 25,4; $Al\Theta^3$ = 47,5.
Ca = 27,6; $Ca\Theta$ = 38,7.

Xanthophyllit $\left.\begin{matrix}\overset{''''}{Si}\\\overset{VI}{Al}^2\\(\overset{''}{Ca}.\ \overset{''}{Mg})^3\end{matrix}\right\}\Theta^{11} + H^2\Theta$. (Gmelin.)

S. 28te Trisiliciumsäure.

Der **Seybertit** und **Chrysophan** (**Holmesit**) scheinen dieselbe Zusammensetzung zu besitzen.

XIVte „ Monosiliciumsäure $\left.\begin{matrix}\overset{''''}{Si}\\ H^{28}\end{matrix}\right\}\Theta^{16}.$

$$Typus: \left.\begin{matrix}\overset{''''}{Si}\\ \overset{''}{R}{}^{10}\\ R^{8}\end{matrix}\right\}\Theta^{16}.$$

Normalzusammensetzung : $Si = 1{,}2$; $Si\Theta^2 = 2{,}4.$
$\overset{''}{W}\Theta^2 = 88{,}1$; $W\Theta^3 = 94{,}6.$
$H = 0{,}3$; $H^2\Theta = 3{,}0.$

Silico-Deciwolframsäure *)
(Acide silicodecitungstique.)
$$\left.\begin{matrix}\overset{''''}{Si}\\ (\overset{''}{W}\Theta^2)^{10}\\ H^{8}\end{matrix}\right\}\Theta^{16}.$$

Ammonium Silico-Deciwolframat
$$\left.\begin{matrix}\overset{''''}{Si}\\ (\overset{''}{W}\Theta^2)^{10}\\ (H^4N)^{8}\end{matrix}\right\}\Theta^{16} + 8H^2\Theta.$$

XVIte „ Monosiliciumsäure $\left.\begin{matrix}\overset{''''}{Si}\\ H^{32}\end{matrix}\right\}\Theta^{18}.$

$$Typus: \left.\begin{matrix}\overset{''''}{Si}\\ \overset{''}{R}{}^{12}\\ R^{8}\end{matrix}\right\}\Theta^{18}.$$

Normalzusammensetzung : $Si = 1{,}0$; $Si\Theta = 2{,}0.$
$W\Theta^2 = 88{,}8$; $W\Theta^3 = 95{,}5.$
$H = 0{,}3$; $H^2\Theta = 2{,}5.$

Silico-Wolframsäure *)
(Acide silicotungstique.)
$$\left.\begin{matrix}\overset{''''}{Si}\\ (\overset{''}{W}\Theta^2)^{12}\\ H^{8}\end{matrix}\right\}\Theta^{18} + 18 \text{ und } + 29H^2\Theta.$$

---

*) **Marignac**, Compt. rend. LVIII, 809. S. Einleitung.

Natrium-Silico-Wolframat $\left.\begin{matrix} \overset{''''}{Si} \\ (\overset{''}{W}\Theta^2)^{12} \\ Na^4 \\ H^4 \end{matrix}\right\} \Theta^{18} + 18 H^2\Theta$.

Wolfram-Siliciumsäure *)
(Acide tungstosilicique.)
(Isomer mit Silico-Wolframsäure.) $\left.\begin{matrix} \overset{''''}{Si} \\ (\overset{''}{W}\Theta^2)^{12} \\ H^8 \end{matrix}\right\} \Theta^{18} + 20 H^2\Theta$.

Disilicate.

I^{ste} Disiliciumsäure $\left.\begin{matrix} \overset{''''}{Si^2} \\ H^2 \end{matrix}\right\} \Theta^5$.

Typus : $\left.\begin{matrix} \overset{''''}{Si^2} \\ R^2 \end{matrix}\right\} \Theta^5$.

Normalzusammensetzung : Si = 26,2 ; $Si\Theta^2$ = 56,1.
K = 36,4 ; $K^2\Theta$ = 43,9

Diäthyl-Disilicat $\left.\begin{matrix} \overset{''''}{Si^2} \\ (\Theta^2H^5)^2 \end{matrix}\right\} \Theta^5$.

Dikalium-Disilicat $\left.\begin{matrix} \overset{''''}{Si^2} \\ K^2 \end{matrix}\right\} \Theta^5$. (Forchhammer.)

Dinatrium-Disilicat $\left.\begin{matrix} \overset{''''}{Si^2} \\ Na^2 \end{matrix}\right\} \Theta^5$. (Lielegg.)

---

*) Marignac, Compt. rend. LVIII, 809.

Typus: $\left.\begin{matrix}\overset{''''}{Si}{}^2 \\ \overset{''}{R}\end{matrix}\right\}\Theta^5.$

Normalzusammensetzung: Si = 31,8; SiO^2 = 68,2.
Ca = 22,7; CaO = 31,8.

Calcium-Disilicat $\left.\begin{matrix}\overset{''''}{Si}{}^2 \\ \overset{''}{Ca}\end{matrix}\right\}\Theta^5.$ (Sefström.)

Danburit *) $\left.\begin{matrix}\overset{''''}{Si}{}^2 \\ \overset{''}{Ca}\end{matrix}\right\}\Theta^5 + H^2\Theta.$

Okenit (Dysklasit und Apophyllit) $\left.\begin{matrix}\overset{''''}{Si}{}^2 \\ \overset{''}{Ca}\end{matrix}\right\}\Theta^5 + 2\,H^2\Theta.$

Pimelith $\left.\begin{matrix}\overset{''''}{Si}{}^2 \\ (\overset{''}{Mg}.\ \overset{''}{fe}.\ \overset{''}{ni})\end{matrix}\right\}\Theta^5 + 7\,H^2\Theta.$ S. 2te Tri- und 18te Ennasiliciumsäure.

Eudialyt $\left.\begin{matrix}(\overset{''''}{Zr}.\ \overset{''''}{Si})^2 \\ \overset{''}{Ca}\end{matrix}\right\}\Theta^5.$ S. 2te Tri- und 2te Tetrasiliciumsäure.

III^te. Disiliciumsäure $\left.\begin{matrix}\overset{''''}{Si}{}^2 \\ H^6\end{matrix}\right\}\Theta^7.$

Typus: $\left.\begin{matrix}\overset{''''}{Si}{}^2 \\ \overset{''}{R}{}^3\end{matrix}\right\}\Theta^7.$

Normalzusammensetzung: Si = 19,4; SiO^2 = 41,7.
Ca = 41,7; CaO = 58,3.

Ophit, Ophiolith, edler Serpentin, Marmalith, Pikrolith und schillernder Asbest von Reichenstein $\left.\begin{matrix}\overset{''''}{Si}{}^2 \\ (\overset{''}{fe}.\ \overset{''}{Mg})^3\end{matrix}\right\}\Theta^7 + 2\,H^2\Theta.$

Deweylith $\left.\begin{matrix}\overset{''''}{Si}{}^2 \\ \overset{''}{Mg}{}^3\end{matrix}\right\}\Theta^7 + 3\,H^2\Theta.$ (Gmelin.) S. 4te Trisiliciumsäure.

Hydrophit $\left.\begin{matrix}\overset{''''}{Si}{}^2 \\ (\overset{''}{fe}.\ \overset{''}{Mg})^3\end{matrix}\right\}\Theta^7 + 3\,H^2\Theta$ (Gmelin.) S. 4te Trisiliciumsäure.

---

*) Gmelin, 5. Aufl., Bd. II, S. 352.

$$\textit{Typus:}\ \left.\begin{matrix}\overset{''''}{Si^2}\\ \overset{VI}{R}\end{matrix}\right\}\Theta^7.$$

Normalzusammensetzung: Si = 25,1; $Si\Theta^2$ = 53,8.
Al = 24,7; $Al\Theta^3$ = 46,2.

Thon $\left.\begin{matrix}\overset{''''}{Si^2}\\ \overset{VI}{Al}\end{matrix}\right\}\Theta^7 + 2H^2\Theta$. (Forchhammer.)
S. 3te und 6te Trisiliciumsäure.

Halloysit (Halloït) $\left.\begin{matrix}\overset{''''}{Si^2}\\ \overset{VI}{Al}\end{matrix}\right\}\Theta^7 + 4H^2\Theta$.

Degeroït $\left.\begin{matrix}\overset{''''}{Si^2}\\ \overset{VI}{Fe}\end{matrix}\right\}\Theta^7 + 3H^2\Theta$.

Hisingerit $\left.\begin{matrix}\overset{''''}{Si^2}\\ \overset{VI}{Fe}\end{matrix}\right\}\Theta^7 + 4H^2\Theta$. (Gmelin.)
S. 6te Tri- und 18te Ennasiliciumsäure.

IVte Disiliciumsäure $\left.\begin{matrix}\overset{''''}{Si^2}\\ H^8\end{matrix}\right\}\Theta^8$.
(Ortho-Disiliciumsäure.)

$$\textit{Typus:}\ \left.\begin{matrix}\overset{''''}{Si^2}\\ \overset{''}{R^4}\end{matrix}\right\}\Theta^8.$$

Normalzusammensetzung: Si = 16,3; $Si\Theta^2$ = 34,9.
Ca = 46,5; $Ca\Theta$ = 65,1.

Monticellit und Batrachit $\left.\begin{matrix}\overset{''''}{Si^2}\\ (\overset{''}{fe}.\ \overset{''}{Mg}.\ \overset{''}{Ca})^4\end{matrix}\right\}\Theta^8$.

$$\textit{Typus:}\ \left.\begin{matrix}\overset{''''}{Si^2}\\ \overset{VI}{R}\\ R^2\end{matrix}\right\}\Theta^8.$$

Normalzusammensetzung: Si = 17,7; $Si\Theta^2$ = 37,8.
Al = 17,4; $Al\Theta^3$ = 32,5.
K = 24,6; $K^2\Theta$ = 29,7.

Kalium-Aluminium-Disilicat $\left.\begin{matrix}\overset{''''}{Si^2}\\ \overset{VI}{Al}\\ K^2\end{matrix}\right\}\Theta^8$. (Berzelius.)

Natrium-Aluminium-Disilicat $\left.\begin{matrix}\overset{''''}{Si^2}\\ \overset{VI}{Al}\\ Na^2\end{matrix}\right\}\Theta^8 + 3\,H^2\Theta.$
(Berzelius und Ammon.)

Eläolith und Nephelin $\left.\begin{matrix}\overset{''''}{Si^2}\\ \overset{VI}{Al}\\ (K.\ Na)^2\end{matrix}\right\}\Theta^8$ (Gmelin.)
S. 16te Ennasiliciumsäure.

Typus: $\left.\begin{matrix}\overset{''''}{Si^2}\\ \overset{VI}{R}\\ \overset{''}{R}\end{matrix}\right\}\Theta^8.$

Normalzusammensetzung : Si = 20,1; $Si\Theta^2$ = 43,0.
Al = 19,7; $Al\Theta^3$ = 36,9.
Ca = 14,3; $Ca\Theta$ = 20,1.

Wernerit*), Skapolith und Anorthit $\left.\begin{matrix}\overset{''''}{Si^2}\\ \overset{VI}{Al}\\ \overset{''}{Ca}\end{matrix}\right\}\Theta^8.$ (Gmelin.)
S. 8te Deca-, 9te Hexa-, 18te Pentadecasiliciumsäure.

Praseolith $\left.\begin{matrix}\overset{''''}{Si^2}\\ (\overset{VI}{Fe}.\ \overset{VI}{Al})\\ \overset{''}{Ca}\end{matrix}\right\}\Theta^8 + H^2\Theta.$ (Gmelin).
S. 8te Pentasiliciumsäure.

Phyllit $\left.\begin{matrix}\overset{''''}{Si^2}\\ \overset{VI}{Al}\\ (\overset{''}{Mg}.\ \overset{''}{fe})\end{matrix}\right\}\Theta^8 + H^2\Theta.$ S. 9te Hexasiliciumsäure.

Thomsonit $\left.\begin{matrix}\overset{''''}{Si^2}\\ \overset{VI}{Al}\\ \overset{''}{Ca}\end{matrix}\right\}\Theta^8 + \frac{5}{2}H^2\Theta.$ S. 16te Octasiliciumsäure.

---

*) Nach Damour (Jahresber. d. Chem. f. 1862, S. 738) zerfällt der Wernerit in die 4 Typen:

1. Mejonit = $2(3\,RO,\ 2\,R^2O^3)\,9\,SiO^2$,
2. Paranthin = $(3\,RO,\ 2\,R^2O^3)\,6\,SiO^2$,
3. Skapolith = $2(3\,RO,\ 2\,R^2O^3)\,15\,SiO^2$,
4. Dipyr = $(3\,RO,\ 2\,R^2O^3)\,9\,SiO^2$.

Gismondin (Zeagonit) $\left.\begin{matrix}\overset{''''}{\mathrm{Si}^2}\\ \overset{\mathrm{VI}}{\mathrm{Al}}\\ \overset{''}{\mathrm{Ca}}\end{matrix}\right\}\Theta^8 + 4\,\mathrm{H}^2\Theta.$ S. 8te Hexa-, 10te Enna- und 15te Hendecasiliciumsäure.

Vte Disiliciumsäure $\left.\begin{matrix}\overset{''''}{\mathrm{Si}^2}\\ \mathrm{H}^{10}\end{matrix}\right\}\Theta^9.$

Typus: $\left.\begin{matrix}\overset{''''}{\mathrm{Si}^2}\\ \overset{'''}{\mathrm{R}^2}\\ \overset{''}{\mathrm{R}^2}\end{matrix}\right\}\Theta^9.$

Normalzusammensetzung: Si = 18,5; $\mathrm{Si}\Theta^2$ = 39,7.
B = 7,3; $\mathrm{B}^2\Theta^3$ = 23,2.
Ca = 26,5; $\mathrm{Ca}\Theta$ = 37,1.

Datolith $\left.\begin{matrix}\overset{''''}{\mathrm{Si}^2}\\ \overset{'''}{\mathrm{B}^2}\\ \overset{''}{\mathrm{Ca}^2}\end{matrix}\right\}\Theta^9 + \mathrm{H}^2\Theta.$

Botryolith $\left.\begin{matrix}\overset{''''}{\mathrm{Si}^2}\\ \overset{'''}{\mathrm{B}^2}\\ \overset{''}{\mathrm{Ca}^2}\end{matrix}\right\}\Theta^9 + 2\,\mathrm{H}^2\Theta.$

Typus: $\left.\begin{matrix}\overset{''''}{\mathrm{Si}^2}\\ \overset{\mathrm{VI}}{\mathrm{R}}\\ \overset{''}{\mathrm{R}^2}\end{matrix}\right\}\Theta^9.$

Normalzusammensetzung: Si = 19,8; $\mathrm{Si}\Theta^2$ = 42,4.
Al = 19,4; $\mathrm{Al}\Theta^3$ = 36,4.
Be = 9,9; $\mathrm{Be}^2\Theta$ = 21,2.

Euklas $\left.\begin{matrix}\overset{''''}{\mathrm{Si}^2}\\ \overset{\mathrm{VI}}{\mathrm{Al}}\\ \overset{''}{\mathrm{Be}^2}\end{matrix}\right\}\Theta^9 + \mathrm{H}^2\Theta.$ S. 12te Tetrasiliciumsäure.

VI$^{te}_{"}$ Disiliciumsäure $\left.\begin{matrix}\overset{''''}{Si}{}^2\\ H^{12}\end{matrix}\right\}\Theta^{10}$.

Typus : $\left.\begin{matrix}\overset{''''}{Si}{}^2\\ \overset{''}{R}{}^6\end{matrix}\right\}\Theta^{10}$.

Normalzusammensetzung : Si = 15,6; $Si\Theta^2$ = 33,3.
Mg = 40,0; $Mg\Theta$ = 66,7.

Zersetzungsproduct des Chrysoliths*) $\left.\begin{matrix}\overset{''''}{Si}{}^2\\ \overset{''}{Mg}{}^6\end{matrix}\right\}\Theta^{10} + 3\,H^2\Theta$.

Typus : $\left.\begin{matrix}\overset{''''}{Si}{}^2\\ \overset{VI}{R}\\ \overset{''}{R}{}^3\end{matrix}\right\}\Theta^{10}$.

Normalzusammensetzung : Si = 14,3; $Si\Theta^2$ = 30,7.
Al = 14,1; $Al\Theta^3$ = 26,3.
Ca = 30,7; $Ca\Theta$ = 43,0.

Gehlenit $\left.\begin{matrix}\overset{''''}{Si}{}^2\\ (\overset{VI}{Fe}.\ \overset{VI}{Al})\\ (\overset{''}{fe}.\ \overset{''}{Mg}.\ \overset{''}{Ca})^3\end{matrix}\right\}\Theta^{10}$.

Aphrosiderit $\left.\begin{matrix}\overset{''''}{Si}{}^2\\ \overset{VI}{Al}\\ \overset{''}{fe}{}^3\end{matrix}\right\}\Theta^{10} + 2\,H^2\Theta$. S. 21te Ennasiliciumsäure.

Cronstedtit $\left.\begin{matrix}\overset{''''}{Si}{}^2\\ \overset{VI}{Fe}\\ (\overset{''}{Mg}.\ \overset{''}{mn}.\ \overset{''}{fe})^3\end{matrix}\right\}\Theta^{10} + 3\,H^2\Theta$.
S. 12te Trisiliciumsäure.

---

*) Genth, Jour. f. prckt. Chem. LXXXVIII, S. 264.

Typus : $\left.\begin{matrix}\overset{''''}{Si^2}\\ \overset{VI}{R^2}\end{matrix}\right\}\Theta^{10}$.

Normalzusammensetzung : Si = 17,2; $Si\Theta^2$ = 36,8.
Al = 33,7; $Al\Theta^3$ = 63,2.

Staurolith $\left.\begin{matrix}\overset{''''}{Si^2}\\ (\overset{VI}{Fe}.\ \overset{VI}{Al})^2\end{matrix}\right\}\Theta^{10}$. S. 3te Mono- und 12te Trisiliciumsäure.

VIIte Disiliciumsäure $\left.\begin{matrix}\overset{''''}{Si^2}\\ H^{14}\end{matrix}\right\}\Theta^{11}$.

Typus : $\left.\begin{matrix}\overset{''''}{Si^2}\\ \overset{VI}{R}\\ \overset{''}{R^4}\end{matrix}\right\}\Theta^{11}$.

Normalzusammensetzung : Si = 12,5; $Si\Theta^2$ = 26,9.
Al = 12,3; $Al\Theta^3$ = 23,0.
Ca = 35,8; $Ca\Theta$ = 50,1.

Chlorit $\left.\begin{matrix}\overset{''''}{Si^2}\\ \overset{VI}{Al}\\ (\overset{''}{fe}.\ \overset{''}{Mg})^4\end{matrix}\right\}\Theta^{11} + 3H^2\Theta$. (Gmelin.)
S. 9te Tri- und 42te Eikosihexasiliciumsäure.

Ripidolith $\left.\begin{matrix}\overset{''''}{Si^2}\\ \overset{VI}{Al}\\ (\overset{''}{fe}.\ \overset{''}{Mg})^4\end{matrix}\right\}\Theta^{11} + 3H^2\Theta$. S. 8te Trisiliciumsäure.

Typus : $\left.\begin{matrix}\overset{''''}{Si^2}\\ \overset{VI}{R^2}\\ \overset{''}{R}\end{matrix}\right\}\Theta^{11}$.

Normalzusammensetzung : Si = 14,7; $Si\Theta^2$ = 31,4.
Al = 28,8; $Al\Theta^3$ = 53,9.
Ca = 10,5; $Ca\Theta$ = 14,7.

Margarit $\left.\begin{matrix}\overset{''''}{Si^2}\\ \overset{VI}{Al^2}\\ \overset{''}{Ca}\end{matrix}\right\}\Theta^{11} + H^2\Theta$.

XV^te^ Disiliciumsäure $\left.\begin{matrix}\overset{''''}{\mathrm{Si}}{}^2\\ \mathrm{H}^{30}\end{matrix}\right\}\Theta^{19}.$

Typus : $\left.\begin{matrix}\overset{''''}{\mathrm{Si}}{}^2\\ \overset{\mathrm{VI}}{\mathrm{R}}{}^5\end{matrix}\right\}\Theta^{19}.$

Normalzusammensetzung: Si = 8,8; $\mathrm{Si\Theta^2}$ = 18,9.
Al = 43,3; $\mathrm{Al\Theta^3}$ = 81,1.

Schrötterit (Opalin-Allophan) $\left.\begin{matrix}\overset{''''}{\mathrm{Si}}{}^2\\ \overset{\mathrm{VI}}{\mathrm{Al}}{}^5\end{matrix}\right\}\Theta^{19} + 20\,\mathrm{H^2\Theta}.$

Trisilicate.

I^ste^ Trisiliciumsäure $\left.\begin{matrix}\overset{''''}{\mathrm{Si}}{}^3\\ \mathrm{H}^{2}\end{matrix}\right\}\Theta^{7}.$
(Kieselsäurehydrat von Doveri, Fremy und Fuchs.)

Typus : $\left.\begin{matrix}\overset{''''}{\mathrm{Si}}{}^3\\ \mathrm{R}^{2}\end{matrix}\right\}\Theta^{7}.$

Normalzusammensetzung: Si = 34,7; $\mathrm{Si\Theta^2}$ = 74,4.
Na = 19,0; $\mathrm{Na^2\Theta}$ = 25,6.

Dinatrium-Trisilicat $\left.\begin{matrix}\overset{''''}{\mathrm{Si}}{}^3\\ \mathrm{Na}^{2}\end{matrix}\right\}\Theta^{7}.$ (Forchhammer.)

Typus : $\left.\begin{matrix}\overset{''''}{\mathrm{Si}}{}^3\\ \overset{''}{\mathrm{R}}\end{matrix}\right\}\Theta^{7}.$

Normalzusammensetzung: Si = 35,6; $\mathrm{Si\Theta^2}$ = 76,3.
Ca = 16,9; $\mathrm{Ca\Theta}$ = 23,7.

Calcium-Trisilicat $\left.\begin{matrix}\overset{''''}{\mathrm{Si}}{}^3\\ \overset{''}{\mathrm{Ca}}\end{matrix}\right\}\Theta^{7}.$ (Sefström.)

II^{te} Trisiliciumsäure $\left.\begin{matrix}\overset{''''}{Si}{}^3\\ H^4\end{matrix}\right\}\Theta^8.$

(Kieselsäurehydrat von Doveri und Fremy.)

$$\textit{Typus}:\ \left.\begin{matrix}\overset{''''}{Si}{}^3\\ \overset{''}{R}\\ R^2\end{matrix}\right\}\Theta^8.$$

Normalzusammensetzung : Si = 25,4; $Si\Theta^2$ = 54,5.
Ca = 12,1; $Ca\Theta$ = 17,0.
K = 33,6; $K^2\Theta$ = 28,5.

Eudialyt (Eukolith) $\left.\begin{matrix}(\overset{''''}{Zr}.\ \overset{''''}{Si})^3\\ \overset{''}{Ca}\\ Na^2\end{matrix}\right\}\Theta^8.$ S. 1te Di- und 2te Tetrasiliciumsäure.

$$\textit{Typus}:\ \left.\begin{matrix}\overset{''''}{Si}{}^3\\ \overset{''}{R}{}^2\end{matrix}\right\}\Theta^8.$$

Normalzusammensetzung: Si = 32,3; $Si\Theta^2$ = 69,2.
Mg = 18,5; $Mg\Theta$ = 30,8.

Speckstein *) $\left.\begin{matrix}\overset{''''}{Si}{}^3\\ \overset{''}{Mg}{}^2\end{matrix}\right\}\Theta^8.$ S. 3te Tetra- und 6te Pentadecasiliciumsäure.

Meerschaum $\left.\begin{matrix}\overset{''''}{Si}{}^3\\ \overset{''}{Mg}{}^2\end{matrix}\right\}\Theta^8 + 2\,H^2\Theta.$

Chrysolithschlacke $\left.\begin{matrix}\overset{''''}{Si}{}^3\\ \overset{''}{fe}{}^2\end{matrix}\right\}\Theta^8.$

Pimelith $\left.\begin{matrix}\overset{''''}{Si}{}^3\\ (\overset{''}{Mg}.\ \overset{''}{fe}.\ \overset{''}{ni})^2\end{matrix}\right\}\Theta^8 + H^2\Theta.$ S. 1te Di- und 18te Ennasiliciumsäure.

Kieselkupfer $\left.\begin{matrix}\overset{''''}{Si}{}^3\\ \overset{''}{Cu}{}^2\end{matrix}\right\}\Theta^8 + 6\,H^2\Theta.$ S. 1te Monosiliciumsäure.

---

*) Senft, Jahresber. d. Chem. f. 1861, S. 983.

III^{te} Trisiliciumsäure $\left.\begin{matrix}\overset{''''}{Si^3}\\H^6\end{matrix}\right\}\Theta^9$.

Typus: $\left.\begin{matrix}\overset{''''}{Si^3}\\\overset{''}{R^3}\end{matrix}\right\}\Theta^9$.

Normalzusammensetzung: Si = 24,1; $Si\Theta^2$ = 51,7.
Ca = 34,5; $Ca\Theta$ = 48,3.

Magnesium-Trisilicat $\left.\begin{matrix}\overset{''''}{Si^3}\\\overset{''}{Mg^3}\end{matrix}\right\}\Theta^9 + 5H^2\Theta$. (Ammon.

Typus: $\left.\begin{matrix}\overset{''''}{Si^3}\\\overset{VI}{R}\end{matrix}\right\}\Theta^9$.

Normalzusammensetzung: Si = 29,7; $Si\Theta^2$ = 63,6.
Al = 19,4; $Al\Theta^3$ = 36,4.

Rasoumoffskin und Thon (nach Brogniart.) $\left.\begin{matrix}\overset{''''}{Si^3}\\\overset{VI}{Al}\end{matrix}\right\}\Theta^9 + 3H^2\Theta$.
S. 3te Di- und 6te Trisiliciumsäure.

Chloropal (Nontronit; Pinguit; Unghwarit) $\left.\begin{matrix}\overset{''''}{Si^3}\\\overset{VI}{Fe}\end{matrix}\right\}\Theta^9 + 3H^2\Theta$.
S. 14te Hendecasiliciumsäure.

IV^{te} Trisiliciumsäure $\left.\begin{matrix}\overset{''''}{Si^3}\\H^8\end{matrix}\right\}\Theta^{10}$.

Typus: $\left.\begin{matrix}\overset{''''}{Si^3}\\R^8\end{matrix}\right\}\Theta^{10}$.

Normalzusammensetzung: Si = 15,1; $Si\Theta^2$ = 32,4.
K = 56,1; $K^2\Theta$ = 67,6.

Kalium-Trisilicat $\left.\begin{matrix}\overset{''''}{Si^3}\\K^8\end{matrix}\right\}\Theta^{10}$. (Scheerer.)

Typus: $\left.\begin{matrix}\overset{''''}{Si^3}\\ \overset{''}{R^4}\end{matrix}\right\}\Theta^{10}.$

Normalzusammensetzung: Si = 20,8; $Si\Theta^2$ = 44,6.
Ca = 39,4; $Ca\Theta$ = 55,4.

Hydrophit (Jenkinsit) $\left.\begin{matrix}\overset{''''}{Si^3}\\ (\overset{''}{fe}.\ \overset{''}{Mg})^4\end{matrix}\right\}\Theta^{10} + 4H^2\Theta.$
S. 3te Disiliciumsäure.

Gymnit (Deweylit; Nickelgymnit.) $\left.\begin{matrix}\overset{''''}{Si^3}\\ (\overset{''}{ni}.\ \overset{''}{fe}.\ \overset{''}{Mg})^4\end{matrix}\right\}\Theta^{10} + 6H^2\Theta.$

Typus: $\left.\begin{matrix}\overset{''''}{Si^3}\\ \overset{VI}{R}\\ R^2\end{matrix}\right\}\Theta^{10}.$

Normalzusammensetzung: Si = 22,3; $Si\Theta^2$ = 47,7.
Al = 14,6; $Al\Theta^3$ = 27,3.
K = 20,7; $K^2\Theta$ = 25,0.

Rhyakolith (Glasiger Feldspath) $\left.\begin{matrix}\overset{''''}{Si^3}\\ \overset{VI}{Al}\\ (Na.\ K)^2\end{matrix}\right\}\Theta^{10}.$

Mesotyp (Natrolith) $\left.\begin{matrix}\overset{''''}{Si^3}\\ \overset{VI}{Al}\\ Na^2\end{matrix}\right\}\Theta^{10} + 2H^2\Theta.$

Lehuntit $\left.\begin{matrix}\overset{''''}{Si^3}\\ \overset{VI}{Al}\\ Na^2\end{matrix}\right\}\Theta^{10} + 3H^2\Theta.$

Typus: $\left.\begin{matrix}\overset{''''}{Si^3}\\ \overset{VI}{R}\\ \overset{''}{R}\end{matrix}\right\}\Theta^{10}.$

Normalzusammensetzung: Si = 24,8; $Si\Theta^2$ = 53,1.
Al = 16,2; $Al\Theta^2$ = 30,4.
Ca = 11,8; $Ca\Theta$ = 16,5.

Kalk-Labrador (Ersbyit; wasserfreier Skolezit; Normalpyroxenisches Gestein [Bunsen].) $\left.\begin{matrix}\overset{''''}{Si^3}\\ \overset{VI}{Al}\\ \overset{''}{Ca}\end{matrix}\right\}\Theta^{10}.$

Skolezit (Kalk-Mesotyp) $\left.\begin{matrix}\overset{''''}{Si^3}\\ \overset{VI}{Al}\\ \overset{''}{Ca}\end{matrix}\right\}\Theta^{10} + 3\,H^2\Theta.$

Ellagit $\left.\begin{matrix}\overset{''''}{Si^3}\\ \overset{VI}{Al}\\ (\overset{''}{fe}.\ \overset{''}{Ca})\end{matrix}\right\}\Theta^{10} + 3\,H^2\Theta.$

Levyn $\left.\begin{matrix}\overset{''''}{Si^3}\\ \overset{VI}{Al}\\ \overset{''}{Ca}\end{matrix}\right\}\Theta^{10} + 4\,H^2\Theta.$

Typus : $\left.\begin{matrix}\overset{''''}{Si^3}\\ \overset{''''}{R^2}\end{matrix}\right\}\Theta^{10}.$

Normalzusammensetzung: Si = 16,4; $Si\Theta^2$ = 35,1.
Zr = 52,4; $Zr\Theta^2$ = 64,9.

Auerbachit $\left.\begin{matrix}\overset{''''}{Si^3}\\ \overset{''''}{Zr^2}\end{matrix}\right\}\Theta^{10}.$ S. 10te Pentasiliciumsäure.

Vte Trisiliciumsäure $\left.\begin{matrix}\overset{''''}{Si^3}\\ H^{10}\end{matrix}\right\}\Theta^{11}.$

Typus : $\left.\begin{matrix}\overset{''''}{Si^3}\\ \overset{''}{R^5}\end{matrix}\right\}\Theta^{11}.$

Normalzusammensetzung: Si = 18,3; $Si\Theta^2$ = 39,1.
Ca = 43,5; $Ca\Theta$ = 60,9.

Pikrofluit *) $\left.\begin{matrix}\overset{''''}{Si^3}\\ (\overset{''}{mn}.\ \overset{''}{fe}.\ \overset{''}{Mg}.\ \overset{''}{Ca})^5\end{matrix}\right\}\begin{matrix}\Theta^{10}\\ F^2\end{matrix}.$

---

*) Arppe, Jahresber. d. Chem. f. 1862, S. 752.

$$Typus:\quad \left.\begin{array}{l}\overset{''''}{Si^3}\\ \overset{VI}{R}\\ \overset{''}{R}\\ R^2\end{array}\right\}\Theta^{11}.$$

Normalzusammensetzung: Si = 19,4; $Si\Theta^2$ = 41,6.
Al = 12,7; $Al\Theta^3$ = 23,8.
Ca = 9,2; $Ca\Theta$ = 12,9.
K = 18,0; $K^2\Theta$ = 21,7.

Groppit $\left.\begin{array}{c}\overset{''''}{Si^3}\\ \overset{VI}{Al}\\ (\overset{''}{Mg}.\ \overset{''}{Ca})\\ (Na.\ K)^2\end{array}\right\}\Theta^{11} + 2H^2\Theta.$ S. 9te Hexasiliciumsäure.

$$Typus:\quad \left.\begin{array}{l}\overset{''''}{Si^3}\\ \overset{VI}{R}\\ \overset{''}{R^2}\end{array}\right\}\Theta^{11}.$$

Normalzusammensetzung: Si = 21,3; $Si\Theta^2$ = 45,5.
Al = 13,3; $Al\Theta^3$ = 26,1.
Ca = 20,3; $Ca\Theta$ = 28,4.

Magnesiaglimmer und Glimmer aus einer Schlacke (Mitscherlich.) $\left.\begin{array}{c}\overset{''''}{Si^3}\\ (\overset{VI}{Fe}.\ \overset{VI}{Al})\\ (\overset{''}{fe}.\ \overset{''}{Ca}.\ \overset{''}{Mg})^2\end{array}\right\}\Theta^{11}.$ (Gmelin.) S. 7te Tetra-, 10te Hexa-, 14te und 18te Ennasiliciumsäure.

Prehnit $\left.\begin{array}{c}\overset{''''}{Si^3}\\ \overset{VI}{Al}\\ \overset{''}{Ca^2}\end{array}\right\}\Theta^{11} + H^2\Theta.$ S. 11te Ennasiliciumsäure.

Melanolith $\left.\begin{array}{c}\overset{''''}{Si^3}\\ \overset{VI}{Al}\\ \overset{''}{fe^2}\end{array}\right\}\Theta^{11} + 3H^2\Theta.$

Eisenchlorit $\left.\begin{array}{c}\overset{''''}{Si^3}\\ (\overset{VI}{Al}.\ \overset{VI}{Fe})\\ (\overset{''}{fe}.\ \overset{''}{Mg})^2\end{array}\right\}\Theta^{11} + 5H^2\Theta.$

VI^te^ Trisiliciumsäure $\left.\begin{array}{l}\overset{''''}{Si}{}^3\\ H^{12}\end{array}\right\}\Theta^{12}.$
(Ortho-Trisiliciumsäure.)

$$\textit{Typus}:\ \left.\begin{array}{c}\overset{''''}{Si}{}^3\\ \overset{VI}{R}\\ \overset{''}{R}{}^3\end{array}\right\}\Theta^{12}.$$

Normalzusammensetzung: Si = 18,6; $Si\Theta^2$ = 39,9.
Al = 12,2; $Al\Theta^3$ = 22,9.
Ca = 26,6; $Ca\Theta$ = 37,2.

$$\text{Granat}\quad \left.\begin{array}{c}\overset{''''}{Si}{}^3\\ (\overset{VI}{Fe}.\ \overset{VI}{Al})\\ (\overset{''}{mn}.\ \overset{''}{fe}.\ \overset{''}{Mg}.\ \overset{''}{Ca})^3\end{array}\right\}\Theta^{12}.$$

$$\text{Orthit (Allanit; Cerin)}\quad \left.\begin{array}{c}\overset{''''}{Si}{}^3\\ (\overset{VI}{Fe}.\ \overset{VI}{Al})\\ (\overset{''}{Mg}.\ \overset{''}{Y}.\ \overset{''}{mn}.\ \overset{''}{fe}.\ \overset{''}{ce}.\ \overset{''}{Ca})^3\end{array}\right\}\Theta^{12}.$$

$$\textit{Typus}:\ \left.\begin{array}{c}\overset{''''}{Si}{}^3\\ \overset{VI}{R}{}^2\end{array}\right\}\Theta^{12}.$$

Normalzusammensetzung: Si = 21,8; $Si\Theta^2$ = 46,6.
Al = 28,5; $Al\Theta^3$ = 53,4.

Humboldtilithschlacke *) $\left.\begin{array}{c}\overset{''''}{Si}{}^3\\ \overset{VI}{Al}{}^2\end{array}\right\}\Theta^{12}.$ S. 18te Ennasiliciumsäure.

Porcellanthon von Gutenberg $\left.\begin{array}{c}\overset{''''}{Si}{}^3\\ \overset{VI}{Al}{}^2\end{array}\right\}\Theta^{12} + 3H^2\Theta.$ S. 3te Di- und 3te Trisiliciumsäure.

Karpolith $\left.\begin{array}{c}\overset{''''}{Si}{}^3\\ (\overset{VI}{Mn}.\ \overset{VI}{Fe}.\ \overset{VI}{Al})^2\end{array}\right\}\Theta^{12} + 3H^2\Theta.$

Pholerit $\left.\begin{array}{c}\overset{''''}{Si}{}^3\\ \overset{VI}{Al}{}^2\end{array}\right\}\Theta^{12} + 4H^2\Theta.$ S. 9te Hexasiliciumsäure.

---

*) Bargum, Jahresber. d. Chem. f. 1861, S. 982.

Aluminium-Trisilicat $\left.\begin{matrix}\overset{''''}{Si^3}\\ \overset{VI}{Al^2}\end{matrix}\right\} O^{12} + 6H^2O.$ (Scheurer-Kestner.)

Plinthit $\left.\begin{matrix}\overset{''''}{Si^3}\\ (\overset{VI}{Fe}.\ \overset{VI}{Al})^2\end{matrix}\right\} O^{12} + 6H^2O.$

Thraulit (Hisingerit) $\left.\begin{matrix}\overset{''''}{Si^3}\\ \overset{VI}{Fe^2}\end{matrix}\right\} O^{12} + 6H^2O.$ (Kobell.)

S. 3te Di- und 18te Ennasiliciumsäure.

VIII^{te} Trisiliciumsäure $\left.\begin{matrix}\overset{''''}{Si^3}\\ H^{16}\end{matrix}\right\} O^{14}.$

Typus : $\left.\begin{matrix}\overset{''''}{Si^3}\\ \overset{''}{R^8}\end{matrix}\right\} O^{14}.$

Normalzusammensetzung : Si = 16,8 ; SiO^2 = 36,0.
Mg = 38,4 ; MgO = 64,0.

Chondrodit $\left.\begin{matrix}\overset{''''}{Si^3}\\ \overset{''}{Mg^8}\end{matrix}\right\} \begin{matrix}O^{13}\\ F^2\end{matrix}.$

IX^{te} Trisiliciumsäure $\left.\begin{matrix}\overset{''''}{Si^3}\\ H^{18}\end{matrix}\right\} O^{15}.$

Typus : $\left.\begin{matrix}\overset{''''}{Si^3}\\ \overset{VI}{R}\\ \overset{''}{R^6}\end{matrix}\right\} O^{15}.$

Normalzusammensetzung : Si = 16,1 ; SiO^2 = 34,4.
Al = 10,5 ; AlO^3 = 19,7.
Mg = 27,5 ; MgO = 45,9.

Chlorit (Kinochlor ; Pennin und Ripidolith.) $\left.\begin{matrix}\overset{''''}{Si^3}\\ \overset{VI}{Al}\\ \overset{''}{Mg^6}\end{matrix}\right\} O^{15} + 4H^2O.$ (Gmelin.)

S. 7te Di-, 20te Enna- und 42te Eikosihensiliciumsäure.

Typus: $\left.\begin{matrix}\overset{''''}{Si}{}^3\\ \overset{VI}{R}{}^3\end{matrix}\right\}\Theta^{15}.$

Normalzusammensetzung: Si = 17,2; $Si\Theta^2$ = 36,8.
Al = 33,7; $Al\Theta^3$ = 63,2.

Topas $\left.\begin{matrix}\overset{''''}{Si}{}^3\\ \overset{VI}{Al}{}^3\end{matrix}\right\}\begin{matrix}\Theta^{13}\\ F^4\end{matrix}$ S. 18te Hexasiliciumsäure.

Xte Trisiliciumsäure $\left.\begin{matrix}\overset{''''}{Si}{}^3\\ H^{20}\end{matrix}\right\}\Theta^{16}.$

Typus: $\left.\begin{matrix}\overset{''''}{Si}{}^3\\ \overset{VI}{R}{}^2\\ \overset{''}{R}{}^4\end{matrix}\right\}\Theta^{16}.$

Normalzusammensetzung: Si = 12,5; $Si\Theta^2$ = 26,7.
Al = 16,3; $Al\Theta^3$ = 30,5.
fe = 33,2; $fe\Theta$ = 42,8.

Thuringit $\left.\begin{matrix}\overset{''''}{Si}{}^3\\ (\overset{VI}{Fe}.\ \overset{VI}{Al})^2\\ \overset{''}{fe}{}^4\end{matrix}\right\}\Theta^{16} + 4H^2\Theta.$

XIIte Trisiliciumsäure $\left.\begin{matrix}\overset{''''}{Si}{}^3\\ H^{24}\end{matrix}\right\}\Theta^{18}.$

Typus: $\left.\begin{matrix}\overset{''''}{Si}{}^3\\ \overset{VI}{R}{}^2\\ \overset{''}{R}{}^6\end{matrix}\right\}\Theta^{18}.$

Normalzusammensetzung: Si = 9,0; $Si\Theta^2$ = 19,3.
Fe = 24,0; $Fe\Theta^3$ = 34,3.
fe = 36,1; $fe\Theta$ = 46,4.

Cronstedtit $\left.\begin{matrix}\overset{''''}{Si}{}^3\\ \overset{VI}{Fe}{}^2\\ (\overset{''}{Mg}.\ \overset{''}{mn}.\ \overset{''}{fe})^6\end{matrix}\right\}\Theta^{18} + 6H^2\Theta.$ S. 6te Disiliciumsäure.

$$\textit{Typus}:\ \left.\begin{matrix}\overset{IIII}{Si^3}\\ \overset{VI}{R^4}\end{matrix}\right\}\Theta^{18}.$$

Normalzusammensetzung: Si = 14,2; $Si\Theta^2$ = 30,4.
Al = 37,2; $Al\Theta^3$ = 69,6.

Staurolith *) $\left.\begin{matrix}\overset{IIII}{Si^3}\\ \overset{VI}{Al^4}\end{matrix}\right\}\Theta^{18}$. S. 3te Mono- und 6te Disiliciumsäure.

Dillnit $\left.\begin{matrix}\overset{IIII}{Si^3}\\ \overset{VI}{Al^4}\end{matrix}\right\}\Theta^{18} + 9H^2\Theta$.

XVIIIte Trisiliciumsäure $\left.\begin{matrix}\overset{IIII}{Si^3}\\ H^{36}\end{matrix}\right\}\Theta^{24}$.

$$\textit{Typus}:\ \left.\begin{matrix}\overset{IIII}{Si^3}\\ \overset{VI}{R^4}\\ \overset{II}{R^6}\end{matrix}\right\}\Theta^{24}.$$

Normalzusammensetzung: Si = 9,1; $Si\Theta^2$ = 19,4.
Al = 23,7; $Al\Theta^3$ = 44,4.
Ca = 25,9; $Ca\Theta$ = 36,2.

Disterit (Brandisit) $\left.\begin{matrix}\overset{IIII}{Si^3}\\ \overset{VI}{Al^4}\\ \overset{II}{Ca^6}\end{matrix}\right\}\Theta^{24} + 2H^2\Theta$.

---

*) St. Claire Deville, Jahresber. d. Chem. f. 1861, S. 2.

XX^{te} Trisiliciumsäure $\left.\begin{matrix}\overset{''''}{Si^3}\\ H^{40}\end{matrix}\right\}\Theta^{26}$.

$$\textit{Typus:}\quad \left.\begin{matrix}\overset{''''}{Si^3}\\ \overset{VI}{R^4}\\ \overset{''}{R^8}\end{matrix}\right\}\Theta^{26}.$$

Normalzusammensetzung : Si = 8,1; $SiΘ^2$ = 17,3.
Al = 21,2; $AlΘ^3$ = 39,6.
Ca = 30,8; CaΘ = 43,1.

Clintonit $\left.\begin{matrix}\overset{''''}{Si^3}\\ \overset{VI}{Al^4}\\ \overset{''}{Ca^8}\end{matrix}\right\}\Theta^{26}$.

XXVIII^{te} Trisiliciumsäure $\left.\begin{matrix}\overset{''''}{Si^3}\\ H^{56}\end{matrix}\right\}\Theta^{34}$.

$$\textit{Typus:}\quad \left.\begin{matrix}\overset{''''}{Si^3}\\ \overset{VI}{R^6}\\ \overset{''}{R^{10}}\end{matrix}\right\}\Theta^{34}.$$

Normalzusammensetzung : Si = 6,2; $SiΘ^2$ = 13,3.
Al = 24,3; $AlΘ^3$ = 45,5.
Ca = 29,5; CaΘ = 41,2.

Xanthophyllit $\left.\begin{matrix}\overset{''''}{Si^3}\\ \overset{VI}{Al^6}\\ \overset{''}{Ca^{10}}\end{matrix}\right\}\Theta^{34} + 3\,H^2\Theta$. S. 9te Monosiliciumsäure.

XXX^te. Trisiliciumsäure $\left.\begin{matrix}\overset{''''}{Si}{}^{3}\\ H^{60}\end{matrix}\right\}\Theta^{36}$.

Typus : $\left.\begin{matrix}Si^{3}\\ \overset{VI}{R}{}^{8}\\ \overset{''}{R}{}^{6}\end{matrix}\right\}\Theta^{36}$.

Normalzusammensetzung :			
Si	= 6,7 ;	$Si\Theta^2$	= 14,5.
Al	= 35,4 ;	$Al\Theta^3$	= 66,2.
Mg	= 11,6 ;	$Mg\Theta$	= 19,3.

Saphirin $\left.\begin{matrix}Si\\ \overset{VI}{Al}{}^{8}\\ \overset{''}{Mg}{}^{6}\end{matrix}\right\}\Theta^{36}$.

XLIV^te. Trisiliciumsäure $\left.\begin{matrix}\overset{''''}{Si}{}^{3}\\ H^{88}\end{matrix}\right\}\Theta^{50}$.

Typus : $\left.\begin{matrix}\overset{''''}{Si}{}^{3}\\ \overset{''}{R}{}^{36}\\ R^{16}\end{matrix}\right\}\Theta^{50}$.

Normalzusammensetzung :			
Si	= 0,9 ;	$Si\Theta^2$	= 2,0.
$W\Theta^2$	= 86,1 ;	$W\Theta^3$	= 92,5.
$N\Theta^2$	= 2,0 ;	$N^2\Theta^5$	= 2,3.
Na	= 2,0 ;	$Na\Theta$	= 2,8.
H	= 0,1 ;	$H^2\Theta$	= 0,4.

Natrium-Wolframyl-
Nitrodioxyl-Silicat $\left.\begin{matrix}\overset{''''}{Si}{}^{3}\\ (W\Theta^2)^{36}\\ (N\Theta^2)^{4}\\ Na^{8}\\ H^{4}\end{matrix}\right\}\Theta^{50} + 38H^2\Theta$. (Marignac.)

XLVIIIte Trisiliciumsäure $\left.\begin{matrix}\overset{''''}{Si^3}\\H^{96}\end{matrix}\right\}\Theta^{54}$.

Typus: $\left.\begin{matrix}\overset{''''}{Si^3}\\\overset{''}{R}^{36}\\\overset{VI}{R^2}\\R^{12}\end{matrix}\right\}\Theta^{54}$.

Normalzusammensetzung:			
	Si = 1,0;	$Si\Theta^2$ =	2,1.
	$W\Theta^2$ = 87,9;	$W\Theta^3$ =	94,4.
	Al = 1,2;	$Al\Theta^3$ =	2,3.
	H = 0,1;	$H^2\Theta$ =	1,2.

Aluminium-Wolframyl-Silicat $\left.\begin{matrix}\overset{''''}{Si^3}\\(\overset{''}{W}\Theta^2)^{36}\\\overset{VI}{Al^2}\\H^{12}\end{matrix}\right\}\Theta^{54} + 87\,H^2\Theta$.
(Aluminium-silicotungstate) (Marignac.)

Tetrasilicate.

Iste Tetrasiliciumsäure $\left.\begin{matrix}\overset{''''}{Si^4}\\H^2\end{matrix}\right\}\Theta^9$.
(Kieselsäurehydrat von Fuchs.)

Typus: $\left.\begin{matrix}\overset{''''}{Si^4}\\R^2\end{matrix}\right\}\Theta^9$.

Normalzusammensetzung:			
	Si = 37,1;	$Si\Theta^2$ =	79,5.
	Na = 15,2;	$Na^2\Theta$ =	20,5.

Natrium-Tetrasilicat $\left.\begin{matrix}\overset{''''}{Si^4}\\Na^2\end{matrix}\right\}\Theta^9 + 12\,H^2\Theta$. (Walcker.)

Kalium-Tetrasilicat $\left.\begin{matrix}\overset{''''}{Si^4}\\K^2\end{matrix}\right\}\Theta^9 + 3\,H^2\Theta$. (Forchhammer.)

Katapleït $\left.\begin{matrix}(\overset{''''}{Zr}.\ \overset{''''}{Si})^4\\Na^2\end{matrix}\right\}\Theta^9 + 2\,H^2\Theta$.

II^{te} Tetrasiliciumsäure $\left.\begin{matrix}\overset{''''}{Si}{}^4\\ H^4\end{matrix}\right\}\Theta^{10}$.

Typus : $\left.\begin{matrix}\overset{''''}{Si}{}^4\\ \overset{''}{R}\\ R^2\end{matrix}\right\}\Theta^{10}$.

Normalzusammensetzung : Si = 31,3; $Si\Theta^2$ = 67,1.
Ca = 11,2; $Ca\Theta$ = 15,6.
Na = 12,8; $Na^2\Theta$ = 17,3.

Eudialyt $\left.\begin{matrix}(\overset{''''}{Zr}.\ \overset{''''}{Si})^4\\ \overset{''}{Ca}\\ Na^2\end{matrix}\right\}\Theta^{10}$. S. 1te Di- und 2te Trisiliciumsäure.

Typus : $\left.\begin{matrix}\overset{''''}{Si}{}^4\\ \overset{''}{R}{}^2\end{matrix}\right\}\Theta^{10}$.

Normalzusammensetzung : Si = 31,8; $Si\Theta^2$ = 68,2.
Ca = 22,7; $Ca\Theta$ = 31,8.

Titanit $\left.\begin{matrix}\left.\begin{matrix}\overset{''''}{Si}{}^2\\ \overset{''''}{Ti}{}^2\end{matrix}\right\}\\ \overset{''}{Ca}{}^2\end{matrix}\right\}\Theta^{10}$.

III^{te} Tetrasiliciumsäure $\left.\begin{matrix}\overset{''''}{Si}{}^4\\ H^6\end{matrix}\right\}\Theta^{11}$.

Typus : $\left.\begin{matrix}\overset{''''}{Si}{}^4\\ \overset{''}{R}{}^2\\ R^2\end{matrix}\right\}\Theta^{11}$.

Normalzusammensetzung : Si = 27,1; $Si\Theta^2$ = 58,0.
Ca = 19,3; $Ca\Theta$ = 27,1.
Na = 11,1; $Na^2\Theta$ = 14,9.

Waldheimit $\left.\begin{matrix}\overset{''''}{Si}{}^4\\ (\overset{''}{Mg}.\ \overset{''}{fe}.\ \overset{''}{Ca})^2\\ Na^2\end{matrix}\right\}\Theta^{11}$.

Typus : $\left.\begin{matrix} \overset{''''}{Si^4} \\ \overset{''}{R^3} \end{matrix}\right\} \Theta^{11}.$

Normalzusammensetzung : Si = 31,1; $Si\Theta^2$ = 66,7.
Mg = 20,0; $Mg\Theta$ = 33,3.

Speckstein $\left.\begin{matrix} \overset{''''}{Si^4} \\ \overset{''}{Mg^3} \end{matrix}\right\} \Theta^{11}.$ S. 2te Tri- und 6te Pentadecasiliciumsäure.

IVte. Tetrasiliciumsäure $\left.\begin{matrix} Si^4 \\ H^8 \end{matrix}\right\} \Theta^{12}.$

Typus : $\left.\begin{matrix} \overset{''''}{Si^4} \\ \overset{vi}{R} \\ R^2 \end{matrix}\right\} \Theta^{12}.$

Normalzusammensetzung : Si = 25,6; $Si\Theta^2$ = 54,9.
Al = 12,6; $Al\Theta^3$ = 23,6.
K = 17,8; $K^2\Theta$ = 21,5.

Leucit $\left.\begin{matrix} \overset{''''}{Si^4} \\ \overset{vi}{Al} \\ K^2 \end{matrix}\right\} \Theta^{12}.$

Analcim $\left.\begin{matrix} \overset{''''}{Si^4} \\ \overset{vi}{Al} \\ Na^2 \end{matrix}\right\} \Theta^{12} + 2H^2\Theta.$

Natrium-Aluminium-Tetrasilicat $\left.\begin{matrix} \overset{''''}{Si^4} \\ \overset{vi}{Al} \\ Na^2 \end{matrix}\right\} \Theta^{12} + 3H^2\Theta.$ (Ammon.)

Typus : $\left.\begin{matrix} \overset{''''}{Si^4} \\ \overset{vi}{R} \\ \overset{''}{R} \end{matrix}\right\} \Theta^{12}.$

Normalzusammensetzung : Si = 28,1; $Si\Theta^2$ = 60,1.
Al = 13,8; $Al\Theta^3$ = 25,8.
Ca = 10,0; $Ca\Theta$ = 14,1.

Leonhardit und Caporcianit $\left.\begin{matrix} \overset{''''}{Si^4} \\ \overset{vi}{Al} \\ \overset{''}{Ca} \end{matrix}\right\} \Theta^{12} + 3H^2\Theta.$ S. 15te Hekkaidecasiliciumsäure.

Laumonit (Lomonit) $\left.\begin{matrix}\overset{''''}{Si^4}\\ \overset{VI}{Al}\\ \overset{''}{Ca}\end{matrix}\right\}\Theta^{12} + 4H^2\Theta.$

Vte Tetrasiliciumsäure $\left.\begin{matrix}\overset{''''}{Si^4}\\ H^{10}\end{matrix}\right\}\Theta^{13}.$

Typus: $\left.\begin{matrix}\overset{''''}{Si^4}\\ \overset{VI}{R}\\ \overset{''}{R^2}\end{matrix}\right\}\Theta^{13}.$

Normalzusammensetzung:		
	Si = 24,6;	$Si\Theta^2$ = 52,8.
	Al = 12,1;	$Al\Theta^3$ = 22,5.
	Ca = 17,6;	$Ca\Theta$ = 24,7.

Uigit $\left.\begin{matrix}\overset{''''}{Si^4}\\ \overset{VI}{Al}\\ \overset{''}{Ca^2}\end{matrix}\right\}\Theta^{13} + 3H^2\Theta.$

Chalcodit $\left.\begin{matrix}\overset{''''}{Si^4}\\ \overset{VI}{Al}\\ (\overset{''}{Mg}.\ \overset{''}{Ca}.\ \overset{''}{fe})^2\end{matrix}\right\}\Theta^{13} + 3H^2\Theta.$ S. 10te Ennasiliciumsäure.

VI^{te} Tetrasiliciumsäure $\left.\begin{matrix}\overset{''''}{Si^4}\\ H^{12}\end{matrix}\right\}\Theta^{14}.$

Typus: $\left.\begin{matrix}\overset{''''}{Si^4}\\ \overset{VI}{R}\\ \overset{''}{R^2}\\ R^2\end{matrix}\right\}\Theta^{14}.$

Normalzusammensetzung:		
	Si = 21,7;	$Si\Theta^2$ = 46,4.
	Al = 10,6;	$Al\Theta^3$ = 19,9.
	Mg = 9,3;	$Mg\Theta$ = 15,5.
	K = 15,1;	$K^2\Theta$ = 18,2.

Savit $\left.\begin{matrix}\overset{''''}{Si^4}\\ \overset{VI}{Al}\\ \overset{''}{Mg^2}\\ Na^2\end{matrix}\right\}\Theta^{14} + 2H^2\Theta.$

Typus: $\left.\begin{matrix}\overset{''''}{Si}{}^4\\ \overset{VI}{R}{}^2\end{matrix}\right\}\Theta^{14}.$

Normalzusammensetzung: Si = 25,1; $Si\Theta^2$ = 53,8.
Al = 24,7; $Al\Theta^3$ = 46,2.

Eisensteinmark von Planitz $\left.\begin{matrix}\overset{''''}{Si}{}^4\\ (\overset{VI}{Fe}.\ \overset{VI}{Al})^2\end{matrix}\right\}\Theta^{14} + 6H^2\Theta.$

VIIte Tetrasiliciumsäure $\left.\begin{matrix}\overset{''''}{Si}{}^4\\ H^{14}\end{matrix}\right\}\Theta^{15}.$

Typus: $\left.\begin{matrix}\overset{''''}{Si}{}^4\\ \overset{VI}{R}\\ \overset{''}{R}{}^4\end{matrix}\right\}\Theta^{15}.$

Normalzusammensetzung: Si = 22,3; $Si\Theta^2$ = 47,7.
Al = 10,9; $Al\Theta^3$ = 20,5.
Mg = 19,1; $Mg\Theta$ = 31,8.

Magnesiaglimmer $\left.\begin{matrix}\overset{''''}{Si}{}^4\\ \overset{VI}{Al}\\ \overset{''}{Mg}{}^4\end{matrix}\right\}\Theta^{15}.$ (Gmelin.) S. 5te Tri-, 10te Hexa-, 14te und 18te Ennasiliciumsäure.

Typus: $\left.\begin{matrix}\overset{''''}{Si}{}^4\\ \overset{VI}{R}{}^2\\ \overset{''}{R}\end{matrix}\right\}\Theta^{15}.$

Normalzusammensetzung: Si = 22,3; $Si\Theta^2$ = 47,8.
Al = 21,9; $Al\Theta^3$ = 41,0.
Ca = 8,0; $Ca\Theta$ = 11,2.

Polyargit und Rosellan $\left.\begin{matrix}\overset{''''}{Si}{}^4\\ \overset{VI}{Al}{}^2\\ \overset{''}{Ca}\end{matrix}\right\}\Theta^{15} + 2H^2\Theta.$

IX^{te} Tetrasiliciumsäure $\left.\begin{matrix}\overset{''''}{Si^4}\\H^{18}\end{matrix}\right\}\Theta^{17}$.

$$Typus:\ \left.\begin{matrix}\overset{''''}{Si^4}\\\overset{VI}{R}\\\overset{''}{R^6}\end{matrix}\right\}\Theta^{17}.$$

Normalzusammensetzung : Si = 19,2; $Si\Theta^2$ = 41,2.
Al = 9,4; $Al\Theta^3$ = 17,7.
Mg = 24,7; $Mg\Theta$ = 41,1.

Pseudophit $\left.\begin{matrix}\overset{''''}{Si^4}\\\overset{VI}{Al}\\(\overset{''}{fe}.\ \overset{''}{Mg})^6\end{matrix}\right\}\Theta^{17} + H^2\Theta$.

Pyrosklerit $\left.\begin{matrix}\overset{''''}{Si^4}\\(\overset{VI}{Ce}.\ \overset{VI}{Al})\\\overset{''}{fe^6}\end{matrix}\right\}\Theta^{17}$. S. 18te Ennasiliciumsäure.

$$Typus:\ \left.\begin{matrix}\overset{''''}{Si^4}\\\overset{VI}{R^2}\\\overset{''}{R^3}\end{matrix}\right\}\Theta^{17}.$$

Normalzusammensetzung: Si = 18,2; $Si\Theta^2$ = 39,1.
Al = 17,9; $Al\Theta^3$ = 33,5.
Ca = 19,5; $Ca\Theta$ = 27,4.

Epidot $\left.\begin{matrix}\overset{''''}{Si^4}\\(\overset{VI}{Mn}.\ \overset{VI}{Fe}.\ \overset{VI}{Al})^2\\(\overset{''}{Mg}.\ \overset{''}{Ca})^3\end{matrix}\right\}\Theta^{17}$. S. 18te Ennasiliciumsäure.

Chalilith $\left.\begin{matrix}\overset{''''}{Si^4}\\(\overset{VI}{Mn}.\ \overset{VI}{Fe}.\ \overset{VI}{Al})^2\\(\overset{''}{Mg}.\ \overset{''}{Ca})^3\end{matrix}\right\}\Theta^{17} + 6\,H^2\Theta$. S. 18te Ennasiliciumsäure.

Typus: $\left.\begin{matrix}\overset{''''}{Si^4}\\ \overset{VI}{R^3}\end{matrix}\right\}\Theta^{17}.$

Normalzusammensetzung: Si = 20,4; $Si\Theta^2$ = 43,7.
Al = 30,0; $Al\Theta^3$ = 56,3.

Pyknit $\left.\begin{matrix}\overset{''''}{Si^4}\\ \overset{VI}{Al^3}\end{matrix}\right\}\begin{matrix}\Theta^{15}\\ F^4\end{matrix}.$

X^{te} Tetrasiliciumsäure $\left.\begin{matrix}\overset{''''}{Si^4}\\ H^{20}\end{matrix}\right\}\Theta^{18}.$

Typus: $\left.\begin{matrix}\overset{''''}{Si^4}\\ \overset{''}{R}\\ \overset{VI}{R^2}\\ \overset{''}{R^2}\\ R^2\end{matrix}\right\}\Theta^{18}.$

Normalzusammensetzung: Si = 16,0; $Si\Theta^2$ = 34,3.
$S\Theta^2$ = 9,1; $S^2\Theta^3$ = 11,4.
Al = 15,7; $Al\Theta^3$ = 29,4.
Ca = 11,4; $Ca\Theta$ = 16,0.
Na = 6,6; $Na^2\Theta$ = 18,9.

Hauyn $\left.\begin{matrix}\overset{''''}{Si^4}\\ (\overset{''}{S}\Theta^2)\\ \overset{VI}{Al^2}\\ \overset{''}{Ca^2}\\ (Na. K)^2\end{matrix}\right\}\Theta^{18}.$

XII^{te} Tetrasiliciumsäure $\left.\begin{matrix}\overset{''''}{Si^4}\\ H^{24}\end{matrix}\right\}\Theta^{20}.$

Typus: $\left.\begin{matrix}\overset{''''}{Si^4}\\ \overset{VI}{R^2}\\ \overset{''}{R^6}\end{matrix}\right\}\Theta^{20}.$

Normalzusammensetzung: Si = 17,9; $Si\Theta^2$ = 38,3.
Al = 17,5; $Al\Theta^3$ = 32,9.
Be = 13,4; $Be\Theta$ = 28,8.

Euklas $\left.\begin{matrix}\overset{''''}{Si^4}\\ \overset{VI}{Al^2}\\ \overset{''}{Be^6}\end{matrix}\right\}\Theta^{20}$. (Gmelin.) S. 5te Disiliciumsäure.

XVI^{te} Tetrasiliciumsäure $\left.\begin{matrix}\overset{''''}{Si^4}\\ H^{32}\end{matrix}\right\}\Theta^{24}$.

Typus : $\left.\begin{matrix}\overset{''''}{Si^4}\\ \overset{VI}{R^4}\\ \overset{''}{R^4}\end{matrix}\right\}\Theta^{24}$.

Normalzusammensetzung : Si = 11,9; $Si\Theta^2$ = 25,6.
Al = 23,4; $Al\Theta^3$ = 43,8.
fe = 23,8; $fe\Theta$ = 30,6.

Chloritoïd (Chloritspath) $\left.\begin{matrix}\overset{''''}{Si^4}\\ \overset{VI}{Al^4}\\ \overset{''}{fe^4}\end{matrix}\right\}\Theta^{24} + 4H^2\Theta$.

XX^{te} Tetrasiliciumsäure $\left.\begin{matrix}\overset{''''}{Si^4}\\ H^{40}\end{matrix}\right\}\Theta^{28}$.

Typus : $\left.\begin{matrix}\overset{''''}{Si^4}\\ \overset{'''}{R^6}\\ \overset{VI}{Al^3}\\ \overset{''}{R^2}\end{matrix}\right\}\Theta^{28}$.

Normalzusammensetzung : Si = 12,9; $Si\Theta^2$ = 27,5.
B = 7,6; $B^2\Theta^3$ = 24,1.
Al = 18,9; $Al\Theta^3$ = 35,5.
Ca = 9,2; $Ca\Theta$ = 12,9.

Turmaline nach A. Mitscherlich*) $\left.\begin{matrix}\overset{''''}{Si^4}\\ \overset{'''}{B^6}\\ \overset{VI}{Al^3}\\ \overset{''}{Ca^2}\end{matrix}\right\}\Theta^{28}$.

*) Jahresber. d. Chem. f. 1862, S. 740.

Pentasilicate.

IV^{te} Pentasiliciumsäure $\left.\begin{matrix}\overset{''''}{Si}{}^5\\ H^8\end{matrix}\right\}\Theta^{14}$.

Typus : $\left.\begin{matrix}\overset{''''}{Si}{}^5\\ \overset{VI}{R}\\ R^2\end{matrix}\right\}\Theta^{14}$.

Normalzusammensetzung : Si = 30,1 ; $Si\Theta^2$ = 64,5.
Al = 11,8; $Al\Theta^3$ = 22,2.
Na = 9,9; $Na^2\Theta$ = 13,3.

Grüner Feldspath von Bodenmais $\left.\begin{matrix}\overset{''''}{Si}{}^5\\ \overset{VI}{Al}\\ (K.\ Na)^2\end{matrix}\right\}\Theta^{14}$.

Typus : $\left.\begin{matrix}\overset{''''}{Si}{}^5\\ \overset{VI}{Al}\\ \overset{''}{R}\end{matrix}\right\}\Theta^{14}$.

Normalzusammensetzung : Si = 25,2; $Si\Theta^2$ = 54,0.
Al = 9,9; $Al\Theta^3$ = 18,5.
Ba = 24,6; $Ba\Theta$ = 27,5.

Barytharmotom $\left.\begin{matrix}\overset{''''}{Si}{}^5\\ \overset{VI}{Al}\\ \overset{''}{Ba}\end{matrix}\right\}\Theta^{14} + 5H^2\Theta$. S. 8te Ennasiliciumsäure.

Vte Pentasiliciumsäure $\left.\begin{matrix}\overset{''''}{Si}{}^5\\ H^{10}\end{matrix}\right\}\Theta^{15}$.

Typus: $\left.\begin{matrix}\overset{''''}{Si}{}^5\\ \overset{''}{R}{}^5\end{matrix}\right\}\Theta^{15}$.

Normalzusammensetzung: Si = 28,0; $Si\Theta^2$ = 60,0.
Mg = 24,0; $Mg\Theta$ = 40,0.

Hypersthen $\left.\begin{matrix}\overset{''''}{Si}{}^5\\ (\overset{''}{fe}.\ \overset{''}{Mg})^4\end{matrix}\right\}\Theta^{15}$, S. 1te Monosiliciumsäure.

Typus: $\left.\begin{matrix}\overset{''''}{Si}{}^5\\ \overset{VI}{R}\\ \overset{''}{R}\\ R^2\end{matrix}\right\}\Theta^{15}$.

Normalzusammensetzung: Si = 23,6; $Si\Theta^2$ = 50,5.
Fe = 18,9; $Fe\Theta^3$ = 27,0.
fe = 9,4; $fe\Theta$ = 12,1.
Na = 7,7; $Na^2\Theta$ = 10,4.

Arfvedsonit $\left.\begin{matrix}\overset{''''}{Si}{}^5\\ \overset{VI}{Fe}\\ \overset{''}{fe}\\ Na^2\end{matrix}\right\}\Theta^{15}$. S. 5te Hexasiliciumsäure.

VIIte Pentasiliciumsäure $\left.\begin{matrix}\overset{''''}{Si}{}^5\\ H^{14}\end{matrix}\right\}\Theta^{17}$.

Typus: $\left.\begin{matrix}\overset{''''}{Si}{}^5\\ \overset{''}{R}{}^6\\ R^2\end{matrix}\right\}\Theta^{17}$.

Normalzusammensetzung: Si = 20,0; $Si\Theta^2$ = 43,0.
Ca = 34,4; $Ca\Theta$ = 48,1.
Na = 6,6; $Na^2\Theta$ = 8,9.

Leucophan (Melinophan) $\left.\begin{matrix}\overset{''''}{Si}{}^5\\ (\overset{''}{Be}.\ \overset{''}{Ca})^6\\ Na^2\end{matrix}\right\}\begin{matrix}\Theta^{16}\\ F^2\end{matrix}$. S. 14te Ennasiliciumsäure.

$$\textit{Typus:}\quad \left.\begin{matrix}\overset{''''}{Si}{}^5\\ \overset{VI}{R}\\ \overset{''}{R}{}^4\end{matrix}\right\}\Theta^{17}.$$

Normalzusammensetzung: Si = 20,4; $Si\Theta^2$ = 43,8.
Fe = 16,3; $Fe\Theta^3$ = 23,4.
Ca = 23,4; $Ca\Theta$ = 32,8.

Schorlamit (Ferrotitanit) $\left.\begin{matrix}(\overset{''''}{Ti}.\ \overset{''''}{Si})^5\\ \overset{VI}{Fe}\\ \overset{''}{Ca}{}^4\end{matrix}\right\}\Theta^{17}.$ S. 15te Dodecasiliciumsäure.

VIIIte Pentasiliciumsäure $\left.\begin{matrix}\overset{''''}{Si}{}^5\\ H^{16}\end{matrix}\right\}\Theta^{18}.$

$$\textit{Typus:}\quad \left.\begin{matrix}\overset{''''}{Si}{}^5\\ \overset{VI}{R}{}^2\\ \overset{''}{R}\\ R^2\end{matrix}\right\}\Theta^{18}.$$

Normalzusammensetzung: Si = 22,4; $Si\Theta^2$ = 48,1.
Al = 17,6; $Al\Theta^3$ = 33,0.
Ca = 6,4; $Ca\Theta$ = 9,0.
Na = 7,4; $Na^2\Theta$ = 9,9.

Brevicit $\left.\begin{matrix}\overset{''''}{Si}{}^5\\ \overset{VI}{Al}{}^2\\ \overset{''}{Ca}\\ Na^2\end{matrix}\right\}\Theta^{18} + 4\,H^2\Theta.$

Mesol $\left.\begin{matrix}\overset{''''}{Si}{}^5\\ \overset{VI}{Al}{}^2\\ \overset{''}{Ca}\\ Na^2\end{matrix}\right\}\Theta^{18} + 5\,H^2\Theta.$

$$\textit{Typus:}\quad \left.\begin{matrix}\overset{''''}{Si}{}^5\\ \overset{VI}{R}{}^2\\ \overset{''}{R}{}^2\end{matrix}\right\}\Theta^{18}.$$

Normalzusammensetzung: Si = 22,7; $Si\Theta^2$ = 48,6.
Al = 17,8; $Al\Theta^3$ = 33,3.
Ca = 12,9; $Ca\Theta$ = 18,1.

Scapolith und **Barsowit** $\left.\begin{matrix}\overset{''''}{Si}{}^5\\ \overset{VI}{Al}{}^2\\ \overset{''}{Ca}{}^2\end{matrix}\right\}\Theta^{18}.$ S. 4te Di-, 9te Hexa-, 18te Pentadecasiliciumsäure.

Cordierit (Dichroït; Steinheilit; harter Fahlunit; Jolith; Luchssaphir; Peliom) $\left.\begin{matrix}\overset{''''}{Si}{}^5\\ \overset{VI}{Al}{}^2\\ \overset{''}{Mg}{}^2\end{matrix}\right\}\Theta^{18}.$

Esmarkit (Praseolith) $\left.\begin{matrix}\overset{''''}{Si}{}^5\\ \overset{VI}{Al}{}^2\\ \overset{''}{Mg}{}^2\end{matrix}\right\}\Theta^{18} + 2H^2\Theta.$ S. 4te Disiliciumsäure.

Fahlunit (Bonsdorffit; Pyrargillit) und **Chlorophyllit** $\left.\begin{matrix}\overset{''''}{Si}{}^5\\ \overset{VI}{Al}\\ (\overset{''}{mn}.\ \overset{''}{fe}.\ \overset{''}{Mg})^2\end{matrix}\right\}\Theta^{18} + 3H^2\Theta.$

X^te^ Pentasiliciumsäure $\left.\begin{matrix}\overset{''''}{Si}{}^5\\ H^{20}\end{matrix}\right\}\Theta^{20}.$

(Ortho-Pentasiliciumsäure)

Auerbachit *) $\overset{''''}{Ti}{}^2.\ \overset{''''}{Si}{}^3\}\ \Theta^{10}.$ S. 4te Trisiliciumsäure.

$$\textit{Typus:}\quad \left.\begin{matrix}\overset{''''}{Si}{}^5\\ \overset{VI}{R}{}^2\\ \overset{''}{R}{}^4\end{matrix}\right\}\Theta^{20}.$$

Normalzusammensetzung: Si = 19,2; $Si\Theta^2$ = 41,1.
Al = 15,1; $Al\Theta^3$ = 28,2.
Ca = 21,9; $Ca\Theta$ = 30,7.

Lievrit $\left.\begin{matrix}\overset{''''}{Si}{}^5\\ \overset{VI}{Fe}{}^2\\ (\overset{''}{fe}.\ \overset{''}{Ca})^4\end{matrix}\right\}\Theta^{20}.$ (Tobler.) S. 15te Hexasiliciumsäure.

---

*) Als Anhydrit der Pentasiliciumsäure geschrieben.

$$\text{Atheriastit}\ \left.\begin{matrix}\overset{''''}{\mathrm{Si}}{}^5\\ \overset{\mathrm{VI}}{\mathrm{Al}}{}^2\\ \overset{''}{\mathrm{Ca}}{}^4\end{matrix}\right\}\Theta^{20}+3\,\mathrm{H}^2\Theta.$$

XV^{te} Pentasiliciumsäure $\left.\begin{matrix}\overset{''''}{\mathrm{Si}}{}^5\\ \mathrm{H}^{30}\end{matrix}\right\}\Theta^{25}$.

$$\textit{Typus}:\ \left.\begin{matrix}\overset{''''}{\mathrm{Si}}{}^5\\ \overset{\mathrm{VI}}{\mathrm{R}}{}^2\\ \overset{''}{\mathrm{R}}{}^9\end{matrix}\right\}\Theta^{25}.$$

Normalzusammensetzung:			
	Si = 12,1;	$\mathrm{Si}\Theta^2$ = 26,0.
	Al = 9,5;	$\mathrm{Al}\Theta^3$ = 17,8.
	fe = 43,7;	$\mathrm{fe}\Theta$ = 56,2.

$$\text{Metachlorit}\ \left.\begin{matrix}\overset{''''}{\mathrm{Si}}{}^5\\ \overset{\mathrm{VI}}{\mathrm{Al}}{}^2\\ \overset{''}{\mathrm{fe}}{}^9\end{matrix}\right\}\Theta^{25}+10\,\mathrm{H}^2\Theta.$$

XXV^{te} Pentasiliciumsäure $\left.\begin{matrix}\overset{''''}{\mathrm{Si}}{}^5\\ \mathrm{H}^{50}\end{matrix}\right\}\Theta^{35}$.

$$\textit{Typus}:\ \left.\begin{matrix}\overset{''''}{\mathrm{Si}}{}^5\\ \overset{'''}{\mathrm{R}}{}^8\\ \overset{\mathrm{VI}}{\mathrm{R}}{}^4\\ \overset{''}{\mathrm{R}}\end{matrix}\right\}\Theta^{35}.$$

Normalzusammensetzung:		
	Si = 13,2;	$\mathrm{Si}\Theta^2$ = 28,2.
	B = 8,3;	$\mathrm{B}^2\Theta^3$ = 26,3.
	Al = 20,7;	$\mathrm{Al}\Theta^3$ = 38,8.
	Mn = 5,2;	$\mathrm{Mn}\Theta$ = 6,7.

$$\text{Manganturmalin *)}\ \left.\begin{matrix}\overset{''''}{\mathrm{Si}}{}^5\\ \overset{'''}{\mathrm{B}}{}^8\\ \overset{\mathrm{VI}}{\mathrm{Al}}{}^4\\ (\overset{''}{\mathrm{Mn}}.\ \overset{''}{\mathrm{Ca}})\end{matrix}\right\}\Theta^{35}.$$

---

*) A. Mitscherlich, Jahresber. d. Chem. f. 1862, S. 740.

Hexasilicate.

IV^{te} Hexasiliciumsäure $\left.\begin{matrix}\overset{''''}{Si^6}\\H^8\end{matrix}\right\}\Theta^{16}$.

$$Typus:\quad \left.\begin{matrix}\overset{''''}{Si^6}\\\overset{VI}{R}\\R^2\end{matrix}\right\}\Theta^{16}.$$

Normalzusammensetzung:	Si = 30,2;	$Si\Theta^2$ = 64,6.
	Al = 9,9;	$Al\Theta^3$ = 18,5.
	K = 14,0;	$K^2\Theta$ = 16,9.

Orthoklas $\left.\begin{matrix}\overset{''''}{Si^6}\\\overset{VI}{Al}\\K^2\end{matrix}\right\}\Theta^{16}$.

Albit $\left.\begin{matrix}\overset{''''}{Si^6}\\\overset{VI}{Al}\\Na^2\end{matrix}\right\}\Theta^{16}$.

$$Typus:\quad \left.\begin{matrix}\overset{''''}{Si^6}\\\overset{VI}{R}\\\overset{''}{R}\end{matrix}\right\}\Theta^{16}.$$

Normalzusammensetzung:	Si = 32,4;	$Si\Theta^2$ = 69,4.
	Al = 10,6;	$Al\Theta^2$ = 19,8.
	Ca = 7,7;	$Ca\Theta$ = 10,8.

Parastilbit (Zeolith von Thyrill.) $\left.\begin{matrix}\overset{''''}{Si^6}\\\overset{VI}{Al}\\\overset{''}{Ca}\end{matrix}\right\}\Theta^{16} + 3\,H^2\Theta$.

Stilbit (Heulandit, Blätterzeolith) und Epistilbit $\left.\begin{matrix}\overset{''''}{Si^6}\\\overset{VI}{Al}\\\overset{''}{Ca}\end{matrix}\right\}\Theta^{16} + 5\,H^2\Theta$.

Desmin $\left.\begin{matrix}\overset{''''}{Si^6}\\\overset{VI}{Al}\\\overset{''}{Ca}\end{matrix}\right\}\Theta^{16} + 6\,H^2\Theta$.

Vte Hexasiliciumsäure $\left.\begin{matrix}\overset{''''}{Si}{}^6\\H^{10}\end{matrix}\right\}\Theta^{17}$.

Typus: $\left.\begin{matrix}\overset{''''}{Si}{}^6\\\overset{''}{R}{}^4\\R^2\end{matrix}\right\}\Theta^{17}$.

Normalzusammensetzung: Si = 26,0; $Si\Theta^2$ = 55,6.
Ca = 24,8; $Ca\Theta$ = 34,8.
Na = 7,1; $Na^2\Theta$ = 9,6.

Pektolith $\left.\begin{matrix}\overset{''''}{Si}{}^6\\\overset{''}{Ca}{}^4\\Na^2\end{matrix}\right\}\Theta^{17} + H^2\Theta$.

Arfvedsonit $\left.\begin{matrix}\overset{''''}{Si}{}^6\\\overset{''}{fe}{}^4\\Na^2\end{matrix}\right\}\Theta^{17}$. (Gmelin.) S. 5te Pentasiliciumsäure.

Typus: $\left.\begin{matrix}\overset{''''}{Si}{}^6\\\overset{''}{R}{}^5\end{matrix}\right\}\Theta^{17}$.

Normalzusammensetzung: Si^6 = 30,0; $Si\Theta^2$ = 64,3.
Mg^5 = 21,4; $Mg\Theta$ = 35,7.

Neolith $\left.\begin{matrix}\overset{''''}{Si}{}^6\\\overset{''}{Mg}{}^5\end{matrix}\right\}\Theta^{17} + 2H^2\Theta$.

VI^{te} Hexasiliciumsäure $\left.\begin{matrix}\overset{''''}{Si}{}^6\\H^{12}\end{matrix}\right\}\Theta^{18}$.

Typus: $\left.\begin{matrix}\overset{''''}{Si}{}^6\\\overset{VI}{R}\\\overset{''}{R}{}^3\end{matrix}\right\}\Theta^{18}$.

Normalzusammensetzung: Si = 26,6; $Si\Theta^2$ = 57,1.
Al = 8,7; $Al\Theta^3$ = 16,3.
Ca = 19,0; $Ca\Theta$ = 26,6.

Kieselschmelzschlacke $\left.\begin{matrix}\overset{''''}{Si}{}^6\\\overset{VI}{Al}\\\overset{''}{Ca}{}^3\end{matrix}\right\}\Theta^{18}$.

Beryll (Smaragd, Davidsonit) $\left.\begin{array}{l}\overset{''''}{\mathrm{Si}}{}^{6}\\ \overset{\mathrm{VI}}{\mathrm{Al}}\\ \overset{''}{\mathrm{Be}}{}^{3}\end{array}\right\}\Theta^{18}$. *)

Wihtisit $\left.\begin{array}{c}\overset{''''}{\mathrm{Si}}{}^{6}\\ \overset{\mathrm{VI}}{\mathrm{Al}}\\ (\overset{''}{\mathrm{Mg}}.\ \overset{''}{\mathrm{Ca}}.\ \overset{''}{\mathrm{fe}})^{3}\end{array}\right\}\Theta^{18}$.

Typus : $\left.\begin{array}{l}\overset{''''}{\mathrm{Si}}{}^{6}\\ \overset{\mathrm{VI}}{\mathrm{R}}\\ \overset{''}{\mathrm{R}}{}^{2}\\ \mathrm{R}^{2}\end{array}\right\}\Theta^{18}$.

Normalzusammensetzung : Si = 24,2; $\mathrm{Si\Theta^2}$ = 51,9.
Fe = 16,1; $\mathrm{Fe\Theta^3}$ = 23,1.
Ca = 11,5; $\mathrm{Ca\Theta}$ = 16,1.
Na = 6,6; $\mathrm{Na^2\Theta}$ = 8,9.

Aegirin $\left.\begin{array}{c}\overset{''''}{\mathrm{Si}}{}^{6}\\ \overset{\mathrm{VI}}{\mathrm{Fe}}\\ (\overset{''}{\mathrm{fe}}.\ \overset{''}{\mathrm{Ca}})^{2}\\ \mathrm{Na}^{2}\end{array}\right\}\Theta^{18}$.

VIII^{te}. Hexasiliciumsäure $\left.\begin{array}{l}\overset{''''}{\mathrm{Si}}{}^{6}\\ \mathrm{H}^{16}\end{array}\right\}\Theta^{20}$.

Typus : $\left.\begin{array}{l}\overset{''''}{\mathrm{Si}}{}^{6}\\ \overset{\mathrm{VI}}{\mathrm{R}}{}^{2}\\ \overset{''}{\mathrm{R}}\\ \mathrm{R}^{2}\end{array}\right\}\Theta^{20}$.

Normalzusammensetzung : Si = 23,5; $\mathrm{Si\Theta^2}$ = 50,3.
Al = 15,4; $\mathrm{Al\Theta^3}$ = 28,8.
Ca = 5,6; $\mathrm{Ca\Theta}$ = 7,8.
K = 10,9; $\mathrm{K^2\Theta}$ = 13,1.

Pinit $\left.\begin{array}{l}\overset{''''}{\mathrm{Si}}{}^{6}\\ \overset{\mathrm{VI}}{\mathrm{Al}}{}^{2}\\ \overset{''}{\mathrm{fe}}\\ \mathrm{K}^{2}\end{array}\right\}\Theta^{20} + 2\,\mathrm{H^2\Theta}$.

---

*) Entspricht Be = 7,6; $\mathrm{Be\Theta}$ = 16,3. Haughton, Jahresber. d. Chem. f. 1862, S. 720.

Zeagonit $\left.\begin{matrix}\overset{''''}{Si}{}^6\\ \overset{VI}{Al}{}^2\\ \overset{''}{Ca}\\ K^2\end{matrix}\right\}\Theta^{20} + 8H^2\Theta.$ S. 4te Di-, 10te Enna- und 15te Hexdecasiliciumsäure.

IXte Hexasiliciumsäure $\left.\begin{matrix}\overset{''''}{Si}{}^6\\ H^{18}\end{matrix}\right\}\Theta^{21}.$

Typus : $\left.\begin{matrix}\overset{''''}{Si}{}^6\\ \overset{VI}{R}\\ \overset{''}{R}{}^6\end{matrix}\right\}\Theta^{21}.$

Normalzusammensetzung: $Si = 21,0$; $Si\Theta^2 = 45,1$.
$Al = 6,9$; $Al\Theta^3 = 12,9$.
$Ca = 30,0$; $Ca\Theta = 42,0$.

Humboldtilith $\left.\begin{matrix}\overset{''''}{Si}{}^6\\ \overset{VI}{Al}\\ \overset{''}{Ca}{}^6\end{matrix}\right\}\Theta^{21}.$ (Gmelin.) S. 12te Ennasiliciumsäure.

Kirwanit $\left.\begin{matrix}\overset{''''}{Si}{}^6\\ \overset{VI}{Al}\\ (\overset{''}{Ca}.\overset{''}{fe})^6\end{matrix}\right\}\Theta^{21} + 2H^2\Theta.$

Typus : $\left.\begin{matrix}\overset{''''}{Si}{}^6\\ \overset{VI}{R}{}^2\\ R^6\end{matrix}\right\}\Theta^{21}.$

Normalzusammensetzung: $Si = 22,3$; $Si\Theta^2 = 47,9$.
$Al = 14,6$; $Al\Theta^3 = 27,5$.
$Na = 18,3$; $Na^2\Theta = 24,6$.

Sodalith $\left.\begin{matrix}\overset{''''}{Si}{}^6\\ \overset{VI}{Al}{}^2\\ Na^6\end{matrix}\right\}\begin{matrix}\Theta^{20}\\ Cl^2\end{matrix}.$ S. 13te Hexasiliciumsäure.

$$Typus: \left.\begin{matrix} \overset{''''}{Si^6} \\ \overset{VI}{R^2} \\ \overset{''}{R^2} \\ R^2 \end{matrix}\right\} \Theta^{21}.$$

Normalzusammensetzung:	Si = 22,7;	SiO^2 = 48,7.
	Al = 14,9;	AlO^3 = 27,8.
	Ca = 10,8;	CaO = 15,1.
	Na = 6,2;	Na^2O = 8,4.

Einzelne Skapolithe [Paranthin *)] $\left.\begin{matrix} \overset{''''}{Si^6} \\ \overset{VI}{Al^2} \\ \overset{''}{Ca^2} \\ (K. Na)^2 \end{matrix}\right\} \Theta^{21}$. S. 4te Di-, 8te Penta-, 18te Pentadecasiliciumsäure.

Groppit $\left.\begin{matrix} \overset{''''}{Si^6} \\ \overset{VI}{Al^2} \\ \overset{''}{Mg^2} \\ Na^2 \end{matrix}\right\} \Theta^{21} + 3H^2\Theta$. S. 5te Trisiliciumsäure.

$$Typus: \left.\begin{matrix} \overset{''''}{Si^6} \\ \overset{VI}{R^2} \\ \overset{''}{R^3} \end{matrix}\right\} \Theta^{21}.$$

Normalzusammensetzung:	Si = 22,9;	SiO^2 = 49,0.
	Al = 15,0;	AlO^3 = 28,1.
	Ca = 16,3;	CaO = 22,9.

Ottrelith (Phylith) $\left.\begin{matrix} \overset{''''}{Si^6} \\ \overset{VI}{Al^2} \\ (\overset{''}{mn}. \overset{''}{fe}. \overset{''}{Mg})^3 \end{matrix}\right\} \Theta^{21} + 3H^2\Theta$. S. 4te Disiliciumsäure.

Torrelith **) $\left.\begin{matrix} \overset{''''}{Si^6} \\ \overset{VI}{Al^2} \\ \overset{''}{fe^3} \end{matrix}\right\} \Theta^{21} + 3H^2\Theta$.

---

*) Damour, Jahresber. d. Chem. f. 1862, S. 738.

**) Odling ($Fe^2al^4Si^2O^7$, H^2O) Répert. chim. pure 1860, p. 47.

Palagonit $\left.\begin{matrix}\overset{''''}{Si^6}\\ \overset{VI}{Al^2}\\ \overset{''}{Ca^3}\end{matrix}\right\} \Theta^{21} + 10H^2\Theta$. (Bunsen.)

Calcium-Aluminium-Hexasilicat [Bunsen*)] $\left.\begin{matrix}\overset{''''}{Si^6}\\ \overset{VI}{Al^2}\\ \overset{''}{Ca^3}\end{matrix}\right\} \Theta^{21} + 18H^2\Theta$.

Typus: $\left.\begin{matrix}\overset{''''}{Si^6}\\ \overset{VI}{R^3}\end{matrix}\right\} \Theta^{21}$.

Normalzusammensetzung: Si = 25,1; $Si\Theta^2$ = 53,8.
Al = 24,7; $Al\Theta^3$ = 46,2.

Caolin (Forchhammer) und Pholerit [Pisani u. R. Müller**)] $\left.\begin{matrix}\overset{''''}{Si^6}\\ \overset{VI}{Al^3}\end{matrix}\right\} \Theta^{21} + 6H^2\Theta$. S. 6te Trisiliciumsäure.

X^{te} Hexasiliciumsäure $\left.\begin{matrix}\overset{''''}{Si^6}\\ H^{20}\end{matrix}\right\} \Theta^{22}$.

Typus: $\left.\begin{matrix}\overset{''''}{Si^6}\\ \overset{VI}{R^3}\\ R^2\end{matrix}\right\} \Theta^{22}$.

Normalzusammensetzung: Si = 22,0; $Si\Theta^2$ = 47,2.
Al = 21,6; $Al\Theta^3$ = 40,5.
K = 10,2; $K^2\Theta$ = 12,3.

Kaliglimmer***) $\left.\begin{matrix}(\overset{''''}{Ti}.\ \overset{''''}{Si})^6\\ (\overset{VI}{Cr}.\ \overset{VI}{Fe}.\ \overset{VI}{Al})^3\\ (Na.\ K)^2\end{matrix}\right\} \Theta^{22}$.

---

*) Erhalten durch Glühen von Basalt mit Kaliumhydrat und Auslaugen der löslichen Bestandtheile.

**) Jahresber. der Chem. f. 1861, S. 1003.

***) In allen Kaliglimmerarten findet man Wasser (bis zu 6 %), desgleichen Fluor (höchstens 1 %), welche wohl nicht zum chemischen Molecül gehören.

$$Typus: \left.\begin{array}{c} \overset{''''}{Si^6} \\ \overset{VI}{R^2} \\ \overset{''}{R^3} \\ R^2 \end{array}\right\} \Theta^{22}.$$

Normalzusammensetzung : Si = 21,5 ; $Si\Theta^2$ = 46,2.
Al = 14,1 ; $Al\Theta^3$ = 26,4.
Mg = 9,2 ; $Mg\Theta$ = 15,4.
K = 10,0 ; $K^2\Theta$ = 12,0.

Magnesiaglimmer $\left.\begin{array}{c} \overset{''''}{Si^6} \\ (\overset{VI}{Fe}.\ \overset{VI}{Al})^2 \\ (\overset{''}{mn}.\ \overset{''}{fe}.\ \overset{''}{Ca}.\ \overset{''}{Mg})^3 \\ (K.\ Na)^2 \end{array}\right\} \Theta^{22}.$ S. 5te Tri-, 7te Tetra-, 14te und 18te Ennasiliciumsäure.

Lithionglimmer (Lepidolith) $\left.\begin{array}{c} \overset{''''}{Si^6} \\ (\overset{VI}{Fe}.\ \overset{VI}{Al})^2 \\ (\overset{''}{mn}.\ \overset{''}{fe}.\ \overset{''}{Ca}.\ \overset{''}{Mg})^3 \\ (Ru.\ Li.\ Na.\ K) \end{array}\right\} \begin{array}{l} \Theta^{21} \\ F \end{array}$ und $\left.\begin{array}{c} \overset{''''}{Si^6} \\ (\overset{VI}{Fe}.\ \overset{VI}{Al})^2 \\ (\overset{''}{mn}.\ \overset{''}{fe}.\ \overset{''}{Ca}.\ \overset{''}{Mg})^3 \\ (Ru.\ Li.\ Na.\ K)^2 \end{array}\right\} \begin{array}{l} \Theta^{21} \\ F^2 \end{array}.$

Normalzusammensetzung :
Si = 22,6 ; $Si\Theta^2$ = 48,4.
Al = 14,8; $Al\Theta^3$ = 27,7.
Mg = 9,7; $Mg\Theta$ = 16,1.
K = 5,2; KF = 7,8.
F = 2,6.

Normalzusammensetzung :
Si = 20,9; $Si\Theta^2$ = 44,9.
Al = 13,7; $Al\Theta^3$ = 25,7.
Mg = 9,0; $Mg\Theta$ = 15,0.
K = 9,7; K^2Fl^2 = 14,4.
F = 4,7.

XII^{te}: Hexasiliciumsäure $\left.\begin{array}{c} \overset{''''}{Si^6} \\ H^{24} \end{array}\right\} \Theta^{24}.$
(Ortho-Hexasiliciumsäure)

$$Typus: \left.\begin{array}{c} \overset{''''}{Si^6} \\ \overset{VI}{R^2} \\ \overset{''}{R^5} \\ R^2 \end{array}\right\} \Theta^{24}.$$

Normalzusammensetzung : Si = 18,5 ; $Si\Theta^2$ = 39,7.
Al = 12,1; $Al\Theta^3$ = 22,7.
Ca = 22,0; $Ca\Theta$ = 30,8.
Na = 5,1; $Na^2\Theta$ = 6,8.

Sarkolith $\left.\begin{array}{c} \overset{''''}{Si^6} \\ \overset{VI}{Al^2} \\ \overset{''}{Ca^5} \\ (K.\ Na)^2 \end{array}\right\} \Theta^{24}.$

XIII^{te} Hexasiliciumsäure $\left.\begin{matrix}\overset{''''}{Si}{}^{6}\\ H^{26}\end{matrix}\right\} \Theta^{25}$.

Typus : $\left.\begin{matrix}\overset{''''}{Si}{}^{6}\\ \overset{''}{R}{}^{13}\end{matrix}\right\} \Theta^{25}$.

Normalzusammensetzung : Si = 13,1; $Si\Theta^2$ = 28,1.
Mn = 55,7; $Mn\Theta$ = 71,9.

Helvin $\left.\begin{matrix}\overset{''''}{Si}{}^{6}\\ (\overset{''}{mn}.\ \overset{''}{Be})^{13}\end{matrix}\right\} \begin{matrix}\Theta^{24}\\ S\end{matrix}$.

Typus : $\left.\begin{matrix}\overset{''''}{Si}{}^{6}\\ \overset{VI}{R}{}^{3}\\ R^{8}\end{matrix}\right\} \Theta^{25}$.

Normalzusammensetzung : Si = 18,2; $Si\Theta^2$ = 39,2.
Al = 18,0; $Al\Theta^3$ = 33,7.
Na = 20,1; $Na^2\Theta$ = 27,1.

Sodalith $\left.\begin{matrix}\overset{''''}{Si}{}^{6}\\ \overset{VI}{Al}{}^{3}\\ Na^{8}\end{matrix}\right\} \begin{matrix}\Theta^{24}\\ Cl^{2}\end{matrix}$. S. 9te Hexasiliciumsäure.

XV^{te} Hexasiliciumsäure $\left.\begin{matrix}\overset{''''}{Si}{}^{6}\\ H^{30}\end{matrix}\right\} \Theta^{27}$.

Typus : $\left.\begin{matrix}\overset{''''}{Si}{}^{6}\\ \overset{VI}{R}\\ \overset{''}{R}{}^{10}\\ R^{4}\end{matrix}\right\} \Theta^{27}$.

Normalzusammensetzung : Si ≐ 13,9; $Si\Theta^2$ = 29,7.
Al = 4,5; $Al\Theta^3$ = 8,5.
Ca = 33,0; $Ca\Theta$ = 46,3.
K = 12,9; $K^2\Theta$ = 15,5.

Tritomit *) $\left.\begin{matrix}(\overset{''''}{Zr}.\ \overset{''''}{Sn}.\ \overset{''''}{Si})^{6}\\ (\overset{VI}{Ce}.\ \overset{VI}{Mn}.\ \overset{VI}{Fe}.\ \overset{VI}{Al})\\ (\overset{''}{Di}.\ \overset{''}{La}.\ \overset{''}{Y}.\ \overset{''}{Mg}.\ \overset{''}{Sr}.\ \overset{''}{Ba}.\ \overset{''}{Ca})^{10}\\ (Na.\ K)^{4}\end{matrix}\right\} \Theta^{27} + 6H^{2}\Theta$.

---

*) Jahresber. d. Chem. f. 1861, S. 1006.

$$\text{Typus: } \left.\begin{matrix} \overset{''''}{Si}{}^{6} \\ \overset{VI}{R}{}^{2} \\ \overset{''}{R}{}^{9} \end{matrix}\right\} \Theta^{27}.$$

Normalzusammensetzung : Si = 12,6; $Si\Theta^2$ = 27,1.
Fe = 16,9; $Fe\Theta^3$ = 24,1.
fe = 38,0; $fe\Theta$ = 48,8.

Lievrit $\left.\begin{matrix} \overset{''''}{Si}{}^{6} \\ \overset{VI}{Fe}{}^{2} \\ (\overset{''}{Ca}.\ \overset{''}{fe})^{9} \end{matrix}\right\} \Theta^{27}$. (Rammelsberg.) S. 10te Pentasiliciumsäure.

XVIIIte Hexasiliciumsäure $\left.\begin{matrix} \overset{''''}{Si}{}^{6} \\ H^{36} \end{matrix}\right\} \Theta^{30}$.

$$\text{Typus: } \left.\begin{matrix} \overset{''''}{Si}{}^{6} \\ \overset{VI}{R}{}^{6} \end{matrix}\right\} \Theta^{30}.$$

Normalzusammensetzung: Si = 17,2; $Si\Theta^2$ = 36,8.
Al = 33,7; $Al\Theta^3$ = 63,2.

Topas $\left.\begin{matrix} \overset{''''}{Si}{}^{6} \\ \overset{VI}{Al}{}^{6} \end{matrix}\right\} \begin{matrix} \Theta^{25} \\ F^{10} \end{matrix}$. S. 9te Trisiliciumsäure.

Heptasilicate.

VIte Heptasiliciumsäure $\left.\begin{matrix} \overset{''''}{Si}{}^{7} \\ H^{12} \end{matrix}\right\} \Theta^{20}$.

$$\text{Typus: } \left.\begin{matrix} \overset{''''}{Si}{}^{7} \\ \overset{''}{R}{}^{6} \end{matrix}\right\} \Theta^{20}.$$

Normalzusammensetzung : Si = 29,7; $Si\Theta^2$ = 63,6.
Mg = 21,8; $Mg\Theta$ = 36,4.

Talk $\left.\begin{matrix} \overset{''''}{Si}{}^{7} \\ \overset{''}{Mg}{}^{6} \end{matrix}\right\} \Theta^{20} + H^2\Theta$.

VIII^{te} Heptasiliciumsäure $\left.\begin{matrix}\overset{''''}{Si}{}^{7}\\ H^{16}\end{matrix}\right\}\Theta^{22}.$

Typus : $\left.\begin{matrix}\overset{''''}{Si}{}^{7}\\ \overset{VI}{R}{}^{2}\\ \overset{''}{R}{}^{2}\end{matrix}\right\}\Theta^{22}.$

Normalzusammensetzung : Si = 26,6; $Si\Theta^2$ = 56,9.
Al = 14,9; $Al\Theta^3$ = 27,9.
Ca = 10,8; $Ca\Theta$ = 15,2.

Phakolith $\left.\begin{matrix}\overset{''''}{Si}{}^{7}\\ \overset{VI}{Al}{}^{2}\\ \overset{''}{Ca}{}^{2}\end{matrix}\right\}\Theta^{22} + 10H^2\Theta.$

IX^{te} Heptasiliciumsäure $\left.\begin{matrix}\overset{''''}{Si}{}^{7}\\ H^{18}\end{matrix}\right\}\Theta^{23}.$

Typus : $\left.\begin{matrix}\overset{''''}{Si}{}^{7}\\ \overset{VI}{R}\\ \overset{''}{R}{}^{6}\end{matrix}\right\}\Theta^{23}.$

Normalzusammensetzung : Si = 25,7 ; $Si\Theta^2$ = 55,0.
Al = 7,2 ; $Al\Theta^3$ = 13,5.
Mg = 18,8 ; $Mg\Theta$ = 31,5.

Saponit $\left.\begin{matrix}\overset{''''}{Si}{}^{7}\\ \overset{VI}{Al}\\ \overset{''}{Mg}{}^{6}\end{matrix}\right\}\Theta^{23} + 5H^2\Theta.$

Skotiolith $\left.\begin{matrix}\overset{''''}{Si}{}^{7}\\ \overset{VI}{Fe}\\ (\overset{''}{Mg}.\ \overset{''}{fe})^{6}\end{matrix}\right\}\Theta^{23} + 9H^2\Theta.$

XVIte Heptasiliciumsäure $\left.\begin{matrix}\overset{''''}{Si}{}^{7}\\ H^{32}\end{matrix}\right\}\Theta^{30}.$

Typus: $\left.\begin{matrix}\overset{''''}{Si}{}^{7}\\ \overset{VI}{R}{}^{2}\\ \overset{''}{R}{}^{10}\end{matrix}\right\}\Theta^{30}.$

Normalzusammensetzung: Si = 16,5; $Si\Theta^2$ = 35,4.
Al = 9,3; $Al\Theta^3$ = 17,4.
Ca = 33,7; $Ca\Theta$ = 47,2.

Chonikrit $\left.\begin{matrix}\overset{''''}{Si}{}^{7}\\ \overset{VI}{Al}{}^{2}\\ (\overset{''}{fe}.\ \overset{''}{Ca}.\ \overset{''}{Mg})^{10}\end{matrix}\right\}\Theta^{30} + 6H^2\Theta.$ (Gmelin.)
S. 30te Dodeca- und 30te Pentadecasiliciumsäure.

Octasilicate.

Iste Octasiliciumsäure $\left.\begin{matrix}\overset{''''}{Si}{}^{8}\\ H^{2}\end{matrix}\right\}\Theta^{17}.$

Typus: $\left.\begin{matrix}\overset{''''}{Si}{}^{8}\\ R^{2}\end{matrix}\right\}\Theta^{17}.$

Normalzusammensetzung: Si = 39,0; $Si\Theta^2$ = 83,6.
K = 13,6; $K^2\Theta$ = 16,4.

Kalium-Octasilicat $\left.\begin{matrix}\overset{''''}{Si}{}^{8}\\ K^{2}\end{matrix}\right\}\Theta^{17}.$ (Forchhammer.)

IVte Octasiliciumsäure $\left.\begin{matrix}\overset{''''}{Si}^8\\ H^8\end{matrix}\right\}\Theta^{20}$.

$$Typus:\ \left.\begin{matrix}\overset{''''}{Si}^8\\ \overset{VI}{R}\\ \overset{''}{R}\end{matrix}\right\}\Theta^{20}.$$

Normalzusammensetzung:	Si = 35,0;	$Si\Theta^2$ = 75,1.
	Al = 8,6;	$Al\Theta^3$ = 16,1.
	Ca = 6,3;	$Ca\Theta$ = 8,8.

Beaumontit $\left.\begin{matrix}\overset{''''}{Si}^8\\ \overset{VI}{Al}\\ (\overset{''}{Mg}.\ \overset{''}{Ca})\end{matrix}\right\}\Theta^{20} + 6H^2\Theta$.

VIIIte Octasiliciumsäure $\left.\begin{matrix}\overset{''''}{Si}^8\\ H^{16}\end{matrix}\right\}\Theta^{24}$.

$$Typus:\ \left.\begin{matrix}\overset{''''}{Si}^8\\ \overset{VI}{R}^2\\ \overset{''}{R}\\ R^2\end{matrix}\right\}\Theta^{24}.$$

Normalzusammensetzung:	Si = 27,9;	$Si\Theta^2$ = 59,7.
	Al = 13,7;	$Al\Theta^3$ = 25,6.
	Ca = 5,0;	$Ca\Theta$ = 7,0.
	Na = 5,7;	$Na^2\Theta$ = 7,7.

Andesin $\left.\begin{matrix}\overset{''''}{Si}^8\\ \overset{VI}{Al}^2\\ \overset{''}{Ca}\\ Na^2\end{matrix}\right\}\Theta^{24}$.

Hyalophan $\left.\begin{matrix}\overset{''''}{Si}^8\\ \overset{VI}{Al}^2\\ \overset{''}{Ba}\\ K^2\end{matrix}\right\}\Theta^{24}$.

Phillipsit (Kalkharmotom) $\left.\begin{matrix}\overset{''''}{Si}{}^8 \\ \overset{VI}{Al}{}^2 \\ \overset{''}{Ca} \\ K^2\end{matrix}\right\} \Theta^{24} + 10\,H^2\Theta.$

Natronchabasit (Gmelinit; unächter Sarcolith; Hydrolith) $\left.\begin{matrix}\overset{''''}{Si}{}^8 \\ \overset{VI}{Al}{}^2 \\ \overset{''}{Ca} \\ Na^2\end{matrix}\right\} \Theta^{24} + 12\,H^2\Theta.$

Typus: $\left.\begin{matrix}\overset{''''}{Si}{}^8 \\ \overset{VI}{R}{}^2 \\ \overset{''}{R}{}^2\end{matrix}\right\} \Theta^{24}.$

Normalzusammensetzung: Si = 28,1; $Si\Theta^2$ = 60,2.
Al = 13,8; $Al\Theta^3$ = 25,8.
Ca = 10,0; $Ca\Theta$ = 14,0.

Chabasit $\left.\begin{matrix}\overset{''''}{Si}{}^8 \\ \overset{VI}{Al}{}^2 \\ \overset{''}{Ca}{}^2\end{matrix}\right\} \Theta^{24} + 12\,H^2\Theta.$

Typus: $\left.\begin{matrix}\overset{''''}{Si}{}^8 \\ \overset{VI}{R} \\ \overset{''}{R}{}^5\end{matrix}\right\} \Theta^{24}.$

Normalzusammensetzung: Si = 25,9; $Si\Theta^2$ = 55,6.
Al = 6,4; $Al\Theta^3$ = 11,9.
Ca = 23,2; $Ca\Theta$ = 32,5.

Yttrotitanit (Keilhauit) $\left.\begin{matrix}(\overset{''''}{Ti}.\ \overset{''''}{Si})^8 \\ \overset{VI}{Al} \\ (\overset{''}{Ca}.\ \overset{''}{Y})^5\end{matrix}\right\} \Theta^{24}.$

IX^{te} Octasiliciumsäure $\left.\begin{matrix}\overset{''''}{Si^8}\\ H^{18}\end{matrix}\right\}\Theta^{25}$.

Typus: $\left.\begin{matrix}\overset{''''}{Si^8}\\ \overset{VI}{R^2}\\ \overset{''}{R^2}\\ R^2\end{matrix}\right\}\Theta^{25}$.

Normalzusammensetzung:	Si = 27,0;	$SiΘ^2$ = 58,0.
	Al = 13,3;	$AlΘ^3$ = 24,9.
	Mg = 5,8;	MgΘ = 9,7.
	Na = 5,6;	$Na^2Θ$ = 7,4.

Weissit (schaliger Triklasit) $\left.\begin{matrix}\overset{''''}{Si^8}\\ \overset{VI}{Al^2}\\ (\overset{''}{Zn}.\ \overset{''}{mn}.\ \overset{''}{fe}.\ \overset{''}{Mg})^2\\ (K.\ Na)^2\end{matrix}\right\}\Theta^{25}$.

XV^{te} Octasiliciumsäure $\left.\begin{matrix}\overset{''''}{Si^8}\\ H^{30}\end{matrix}\right\}\Theta^{31}$.

Typus: $\left.\begin{matrix}\overset{''''}{Si^8}\\ \overset{'''}{R^2}\\ \overset{VI}{R^2}\\ \overset{''}{R^6}\end{matrix}\right\}\Theta^{31}$.

Normalzusammensetzung:	Si = 21,4;	$SiΘ^2$ = 43,9.
	B = 2,0;	$B^2Θ^3$ = 6,4.
	Al = 10,1;	$AlΘ^3$ = 18,9.
	Ca = 22,0;	CaΘ = 30,8.

Axinit $\left.\begin{matrix}\overset{''''}{Si^8}\\ \overset{'''}{B^2}\\ \overset{VI}{Al^2}\\ \overset{''}{Ca^6}\end{matrix}\right\}\Theta^{31}$. (Gmelin.)

XVI^{te} Octasiliciumsäure $\left.\begin{matrix}\overset{''''}{Si}{}^{8}\\ H^{32}\end{matrix}\right\}\Theta^{32}$.
(Ortho-Octasiliciumsäure)

$$\textit{Typus:}\quad \left.\begin{matrix}\overset{''''}{Si}{}^{8}\\ \overset{VI}{R}{}^{4}\\ \overset{''}{R}{}^{3}\\ R^{2}\end{matrix}\right\}\Theta^{32}.$$

Normalzusammensetzung: Si = 19,9; SiO^2 = 42,8.
Al = 19,6; AlO^3 = 36,7.
Ca = 10,7; CaO = 15,0.
Na = 4,1; Na^2O = 5,5.

$$\text{Thomsonit (Comptonit)}\quad \left.\begin{matrix}\overset{''''}{Si}{}^{8}\\ \overset{VI}{Al}{}^{4}\\ \overset{''}{Ca}{}^{3}\\ Na^{2}\end{matrix}\right\}\Theta^{32} + 10H^2\Theta.$$

S. 4te Disiliciumsäure.

XVII^{te} Octasiliciumsäure $\left.\begin{matrix}\overset{''''}{Si}{}^{8}\\ H^{34}\end{matrix}\right\}\Theta^{33}$.

$$\textit{Typus:}\quad \left.\begin{matrix}\overset{''''}{Si}{}^{8}\\ \overset{VI}{R}{}^{2}\\ \overset{''}{R}{}^{11}\end{matrix}\right\}\Theta^{33}.$$

Normalzusammensetzung: Si = 19,9; SiO^2 = 42,6.
Al = 9,7; AlO^3 = 18,3.
Mg = 23,5; MgO = 39,1.

$$\text{Vermiculith}\quad \left.\begin{matrix}\overset{''''}{Si}{}^{8}\\ \overset{VI}{Al}{}^{2}\\ (\overset{''}{fe}.\ \overset{''}{Mg})^{11}\end{matrix}\right\}\Theta^{33}.$$

XXI^te^ Octasiliciumsäure $\left.\begin{matrix}\overset{''''}{Si}{}^8\\ H^{42}\end{matrix}\right\}\Theta^{37}.$

$$\textit{Typus:}\quad \left.\begin{matrix}\overset{''''}{Si}{}^8\\ \overset{VI}{R}{}^5\\ \overset{''}{R}{}^6\end{matrix}\right\}\Theta^{37}.$$

Normalzusammensetzung: Si = 15,7; $Si\Theta^2$ = 33,6.
Al = 19,3; $Al\Theta^3$ = 36,1.
fe = 23,5; $fe\Theta$ ' = 30,3.

Zeuxit $\left.\begin{matrix}\overset{''''}{Si}\\ \overset{VI}{Al}{}^5\\ \overset{''}{fe}{}^6\end{matrix}\right\}\Theta^{37} + 4\,H^2\Theta.$ S. 18te Ennasiliciumsäure.

Ennasilicate.

IV^te^ Ennasiliciumsäure $\left.\begin{matrix}\overset{''''}{Si}{}^9\\ H^8\end{matrix}\right\}\Theta^{22}.$
(Kieselsäurehydrat von Langlois)

$$\textit{Typus:}\quad \left.\begin{matrix}\overset{''''}{Si}{}^9\\ \overset{VI}{R}\\ R^2\end{matrix}\right\}\Theta^{22}.$$

Normalzusammensetzung: Si = 35,7; $Si\Theta^2$ = 76,6.
Al = 7,8; $Al\Theta^3$ = 14,6.
Na = 6,5; $Na^2\Theta$ = 8,8.

Perlstein (Sphärulith; Baulit; Krablit) $\left.\begin{matrix}\overset{''''}{Si}{}^9\\ \overset{VI}{Al}\\ (K.\ Na)^2\end{matrix}\right\}\Theta^{22}.$

Pechstein $\left.\begin{matrix}\overset{''''}{Si}{}^9\\ \overset{VI}{Al}\\ (K.\ Na)^2\end{matrix}\right\}\Theta^{22} + 2\,H^2\Theta$ oder $4\,H^2\Theta$.

VI^{te} Ennasiliciumsäure $\left.\begin{matrix}\overset{''''}{Si^9}\\H^{12}\end{matrix}\right\}\Theta^{24}$.

Typus : $\left.\begin{matrix}\overset{''''}{Si^9}\\\overset{VI}{R}\\\overset{''}{R}\\R^4\end{matrix}\right\}\Theta^{24}$.

Normalzusammensetzung : Si = 28,1 ; $Si\Theta^2$ = 60,3.
Fe = 12,5 ; $Fe\Theta^3$ = 17,8.
fe = 6,2 ; $fe\Theta$ = 8,0.
Na = 10,3 ; $Na^2\Theta$ = 13,9.

Akmit $\left.\begin{matrix}\overset{''''}{Si^9}\\\overset{VI}{Fe}\\\overset{''}{fe}\\Na^4\end{matrix}\right\}\Theta^{24}$.

Typus : $\left.\begin{matrix}\overset{''''}{Si^9}\\\overset{VI}{R^2}\end{matrix}\right\}\Theta^{24}$.

Normalzusammensetzung : Si = 33,8; $Si\Theta^2$ = 72,4.
Al = 14,8; $Al\Theta^3$ = 27,6.

Cimolit $\left.\begin{matrix}\overset{''''}{Si^9}\\\overset{VI}{Al^2}\end{matrix}\right\}\Theta^{24} + 6H^2\Theta$.

Anthosiderit $\left.\begin{matrix}\overset{''''}{Si^9}\\\overset{VI}{Fe^2}\end{matrix}\right\}\Theta^{24} + 2H^2\Theta$.

VIII^{te} Ennasiliciumsäure $\left.\begin{matrix}\overset{''''}{Si^9}\\H^{16}\end{matrix}\right\}\Theta^{26}$.

Typus : $\left.\begin{matrix}\overset{''''}{Si^9}\\\overset{''}{R^8}\end{matrix}\right\}\Theta^{26}$.

Normalzusammensetzung : Si = 29,3 ; $Si\Theta^2$ = 62,8.
Mg = 22,3 ; $Mg\Theta$ = 37,2.

Strahlstein von Zermatt *) $\left.\begin{matrix}\overset{''''}{Si^9}\\(\overset{''}{mn}.\ \overset{''}{fe}.\ \overset{''}{Mg})^8\end{matrix}\right\}\Theta^{26}$.

---

*) Merz, Jahresber. d. Chem. f. 1861, S. 985.

$$\textit{Typus:}\quad \left.\begin{matrix}\overset{''''}{\mathrm{Si}}{}^{9}\\ \overset{\mathrm{VI}}{\mathrm{R}}{}^{2}\\ \overset{''}{\mathrm{R}}\\ \mathrm{R}^{2}\end{matrix}\right\}\Theta^{26}.$$

Normalzusammensetzung:	Si = 29,2;	$SiΘ^2$ = 62,5.
	Al = 12,7;	$AlΘ^3$ = 23,8.
	Ca = 4,6;	CaΘ = 6,5.
	Na = 5,3;	$Na^2Θ$ = 7,2.

$$\text{Oligoklas (Natronspodumen)}\quad \left.\begin{matrix}\overset{''''}{\mathrm{Si}}{}^{9}\\ \overset{\mathrm{VI}}{\mathrm{Al}}{}^{2}\\ \overset{''}{\mathrm{Ca}}\\ \mathrm{Na}^{2}\end{matrix}\right\}\Theta^{26}.$$

$$\text{Faujasit}\quad \left.\begin{matrix}\overset{''''}{\mathrm{Si}}{}^{9}\\ \overset{\mathrm{VI}}{\mathrm{Al}}{}^{2}\\ \overset{''}{\mathrm{Ca}}\\ \mathrm{Na}^{2}\end{matrix}\right\}\Theta^{26} + 18\mathrm{H}^{2}\Theta.$$

$$\textit{Typus:}\quad \left.\begin{matrix}\overset{''''}{\mathrm{Si}}{}^{9}\\ \overset{\mathrm{VI}}{\mathrm{R}}{}^{2}\\ \overset{''}{\mathrm{R}}{}^{2}\end{matrix}\right\}\Theta^{26}.$$

Normalzusammensetzung:	Si = 23,9;	$SiΘ^2$ = 51,3.
	Al = 10,4;	$AlΘ^3$ = 19,6.
	Ba = 26,0;	$Ba^2Θ$ = 29,1.

$$\text{Barytharmotom}\quad \left.\begin{matrix}\overset{''''}{\mathrm{Si}}{}^{9}\\ \overset{\mathrm{VI}}{\mathrm{Al}}{}^{2}\\ \overset{''}{\mathrm{Ba}}{}^{2}\end{matrix}\right\}\Theta^{26} + 10\mathrm{H}^{2}\Theta.$$

8. 4te Pentasiliciumsäure.

IX^{te} Ennasiliciumsäure $\left.\begin{matrix}\overset{''''}{Si}{}^9\\ H^{18}\end{matrix}\right\}\Theta^{27}$.

Typus : $\left.\begin{matrix}\overset{''''}{Si}{}^9\\ \overset{VI}{R}{}^2\\ \overset{''}{R}{}^2\\ R^2\end{matrix}\right\}\Theta^{27}$.

Normalzusammensetzung : Si = 27,4; $Si\Theta^2$ = 58,7.
Al = 12,0; $Al\Theta^3$ = 22,4.
Ca = 8,7; $Ca\Theta$ = 12,2.
Na = 5,0; $Na^2\Theta$ = 6,7.

Dipyr *) $\left.\begin{matrix}\overset{''''}{Si}{}^9\\ \overset{VI}{Al}{}^2\\ (\overset{''}{Mg}.\ \overset{''}{Ca})^2\\ (K.\ Na)^2\end{matrix}\right\}\Theta^{27}$.

Typus : $\left.\begin{matrix}\overset{''''}{Si}{}^9\\ \overset{VI}{R}{}^2\\ \overset{''}{R}{}^3\end{matrix}\right\}\Theta^{27}$.

Normalzusammensetzung : Si = 27,6; $Si\Theta^2$ = 59,1.
Al = 12,0; $Al\Theta^3$ = 22,5.
Ca = 13,1; $Ca\Theta$ = 18,4.

Manganepidot $\left.\begin{matrix}\overset{''''}{Si}{}^9\\ \overset{VI}{Al}{}^2\\ \overset{''}{Ca}{}^3\end{matrix}\right\}\Theta^{27}$.

---

*) Damour : Jahresber. d. Chem. f. 1862, S. 738.

X^{te} Ennasilicimsäure $\left.\begin{matrix}\overset{''''}{Si}{}^9\\H^{20}\end{matrix}\right\}\Theta^{28}$.

$$Typus:\quad \left.\begin{matrix}\overset{''''}{Si}{}^9\\\overset{VI}{R}{}^2\\\overset{''}{R}{}^4\end{matrix}\right\}\Theta^{28}.$$

Normalzusammensetzung : Si = 27,8; $Si\Theta^2$ = 59,6.
Al = 12,2; $Al\Theta^3$ = 22,7.
Mg = 10,6; $Mg\Theta$ = 17,7.

Chalcodit $\left.\begin{matrix}\overset{''''}{Si}{}^9\\\overset{VI}{Al}{}^2\\(\overset{''}{Mg}.\ \overset{''}{fe})^4\end{matrix}\right\}\Theta^{28} + 6\,H^2\Theta.$ S. 5te Tetrasiliciumsäure.

$$Typus:\quad \left.\begin{matrix}\overset{''''}{Si}{}^9\\\overset{VI}{R}{}^2\\\overset{''}{R}{}^3\\R^2\end{matrix}\right\}\Theta^{28}.$$

Normalzusammensetzung : Si = 25,0; $Si\Theta^2$ = 53,6.
Al = 10,9; $Al\Theta^3$ = 20,4.
Ca = 11,9; $Ca\Theta$ = 16,7.
K = 7,7; $K^2\Theta$ = 9,3.

Gismondin (Zeagonit) $\left.\begin{matrix}\overset{''''}{Si}{}^9\\\overset{VI}{Al}{}^2\\\overset{''}{Ca}{}^3\\K^2\end{matrix}\right\}\Theta^{28} + 18\,H^2\Theta.$ (Marignac.)
S. 4te Di-, 8te Hexa- und 15te Hendecasiliciumsäure.

XIte Ennasiliciumsäure $\left.\begin{matrix}\overset{''''}{Si}{}^9\\H^{22}\end{matrix}\right\}\Theta^{29}$.

Typus: $\left.\begin{matrix}\overset{''''}{Si}{}^9\\\overset{VI}{R}{}^3\\\overset{''}{R}{}^2\end{matrix}\right\}\Theta^{29}$.

Normalzusammensetzung: Si = 26,2; $Si\Theta^2$ = 56,2.
Al = 17,1; $Al\Theta^3$ = 32,1.
Ca = 8,3; $Ca\Theta$ = 11,7.

Prehnit *) $\left.\begin{matrix}\overset{''''}{Si}{}^9\\\overset{VI}{Al}{}^3\\\overset{''}{Ca}{}^2\end{matrix}\right\}\Theta^{29} + H^2\Theta$. S. 5te Trisiliciumsäure.

XIIte Ennasiliciumsäure $\left.\begin{matrix}\overset{''''}{Si}{}^9\\H^{24}\end{matrix}\right\}\Theta^{30}$.

Typus: $\left.\begin{matrix}\overset{''''}{Si}{}^9\\\overset{VI}{R}{}^2\\\overset{''}{R}{}^4\\R^4\end{matrix}\right\}\Theta^{30}$.

Normalzusammensetzung: Si = 23,0; $Si\Theta^2$ = 49,4.
Al = 10,1; $Al\Theta^3$ = 18,9.
Ca = 14,6; $Ca\Theta$ = 20,5.
Na = 8,4; $Na^2\Theta$ = 11,2.

Skolopsit $\left.\begin{matrix}\overset{''''}{Si}{}^9\\(\overset{VI}{Fe}.\ \overset{VI}{Al})^2\\(\overset{''}{mn}.\ \overset{''}{Mg}.\ \overset{''}{Ca})^4\\(K.\ Na)^4\end{matrix}\right\}\Theta^{30}$. (S. Einleitung.)

Tachylit (Sideromelan) $\left.\begin{matrix}(\overset{''''}{Ti}.\ \overset{''''}{Si})^9\\\overset{VI}{Al}{}^2\\(\overset{''}{mn}.\ \overset{''}{Mg}.\ \overset{''}{Ca}.\ \overset{''}{fe})^4\\(K.\ Na)^4\end{matrix}\right\}\Theta^{30}$.

---

*) Kützing, Jahresber. d. Chem. f. 1861, S. 1007.

$$\textit{Typus}: \left.\begin{array}{l} \overset{''''}{Si}{}^{9} \\ \overset{VI}{R}{}^{2} \\ \overset{''}{R}{}^{5} \\ R^{2} \end{array}\right\} \Theta^{30}.$$

Normalzusammensetzung:	Si = 23,2;	$Si\Theta^2$ = 49,6.
	Al = 10,1;	$Al\Theta^3$ = 19,0.
	Ca = 18,4;	$Ca\Theta$ = 25,7.
	Na = 4,2;	$Na^2\Theta$ = 5,7.

Saussurit $\left.\begin{array}{c} \overset{''''}{Si}{}^{9} \\ (\overset{VI}{Fe}.\ \overset{VI}{Al})^{2} \\ (\overset{''}{Mg}.\ \overset{''}{Ca})^{5} \\ Na^{2} \end{array}\right\} \Theta^{30}.$

Humboldtilith (Mellilith; Sommervillit) $\left.\begin{array}{c} \overset{''''}{Si}{}^{9} \\ (\overset{VI}{Fe}.\ \overset{VI}{Al})^{2} \\ (\overset{''}{Mg}.\ \overset{''}{Ca})^{5} \\ (K.\ Na)^{2} \end{array}\right\} \Theta^{30}.$ S. 9te Hexasilicium-säure.

$$\textit{Typus}: \left.\begin{array}{l} \overset{''''}{Si}{}^{9} \\ \overset{VI}{R}{}^{2} \\ \overset{''}{R}{}^{6} \end{array}\right\} \Theta^{30}.$$

Normalzusammensetzung:	Si = 23,3;	$Si\Theta^2$ = 49,9.
	Al = 10,2;	$Al\Theta^3$ = 19,0.
	Ca = 22,2;	$Ca\Theta$ = 31,1.

Pistazit $\left.\begin{array}{l} \overset{''''}{Si}{}^{9} \\ \overset{VI}{Al}{}^{2} \\ \overset{''}{Ca}{}^{6} \end{array}\right\} \Theta^{30}.$

Glottalith $\left.\begin{array}{l} \overset{''''}{Si}{}^{9} \\ \overset{VI}{Al}{}^{2} \\ \overset{''}{Ca}{}^{6} \end{array}\right\} \Theta^{30} + 18\,H^{2}\Theta.$

Tuff von der Chatham-Insel $\left.\begin{array}{l} \overset{''''}{Si}{}^{9} \\ \overset{VI}{Al}{}^{2} \\ \overset{''}{Ca}{}^{6} \end{array}\right\} \Theta^{30} + 20\,H^{2}\Theta.$ (Bunsen.)

$$\textit{Typus:}\quad \left.\begin{matrix} \overset{''''}{Si}{}^{9} \\ \overset{VI}{R}{}^{3} \\ \overset{''}{R}{}^{2} \\ R^{2} \end{matrix}\right\} \Theta^{30}.$$

Normalzusammensetzung:	Si = 24,6;	$SiΘ^2$ = 52,8.
	Al = 16,1;	$AlΘ^3$ = 30,2.
	Ca = 7,8;	CaΘ = 10,9.
	Na = 4,5;	$Na^2Θ$ = 6,1.

Kalk-Natron-Labrador $\left.\begin{matrix} \overset{''''}{Si}{}^{9} \\ \overset{VI}{Al}{}^{3} \\ \overset{''}{Ca}{}^{2} \\ Na^{2} \end{matrix}\right\} \Theta^{30}$. S. 16te Dodecasiliciumsäure.

Mesolith $\left.\begin{matrix} \overset{''''}{Si}{}^{9} \\ \overset{VI}{Al}{}^{3} \\ \overset{''}{Ca}{}^{2} \\ Na^{2} \end{matrix}\right\} \Theta^{30} + 8\,H^2\Theta.$

XIIIte Ennasiliciumsäure $\left.\begin{matrix} \overset{''''}{Si}{}^{9} \\ H^{26} \end{matrix}\right\} \Theta^{31}$.

$$\textit{Typus:}\quad \left.\begin{matrix} \overset{''''}{Si}{}^{9} \\ \overset{''}{R}{}^{13} \end{matrix}\right\} \Theta^{31}.$$

Normalzusammensetzung:	Si = 17,0;	$SiΘ^2$ = 36,6.
	fe = 49,2;	feΘ = 63,4.

Pyrosmalith $\left.\begin{matrix} \overset{''''}{Si}{}^{9} \\ (\overset{''}{mn}.\ \overset{''}{fe})^{13} \end{matrix}\right\} \begin{matrix} \Theta^{30} \\ Cl^{2} \end{matrix}$. S. 20te Octokaidecasiliciumsäure.

XIV^{te} Ennasiliciumsäure $\left.\begin{matrix}\overset{''''}{Si}^9 \\ H^{28}\end{matrix}\right\} \Theta^{32}$.

Typus: $\left.\begin{matrix}\overset{''''}{Si}^9 \\ \overset{''}{R}^{12} \\ R^4\end{matrix}\right\} \Theta^{32}$.

Normalzusammensetzung: Si = 18,9; $Si\Theta^2$ = 40,4.
Ca = 35,9; $Ca\Theta$ = 50,3.
Na = 6,9; $Na^2\Theta$ = 9,3.

Leucophan (Melinophan) $\left.\begin{matrix}\overset{''''}{Si}^9 \\ (\overset{''}{Be}.\ \overset{''}{Ca})^{12} \\ Na^4\end{matrix}\right\} \begin{matrix}\Theta^{30} \\ F^4\end{matrix}$. S. 7te Pentasiliciumsäure.

Typus: $\left.\begin{matrix}\overset{''''}{Si}^9 \\ \overset{VI}{R}^2 \\ \overset{''}{R}^8\end{matrix}\right\} \Theta^{32}$.

Normalzusammensetzung: Si = 23,7; $Si\Theta^2$ = 50,7.
Al = 10,4; $Al\Theta^3$ = 19,3.
Mg = 18,0; $Mg\Theta$ = 30,0.

Epichlorit $\left.\begin{matrix}\overset{''''}{Si}^9 \\ \overset{VI}{Al}^2 \\ (\overset{''}{fe}.\ \overset{''}{Mg})^8\end{matrix}\right\} \Theta^{32} + 8H^2\Theta$.

Typus: $\left.\begin{matrix}\overset{''''}{Si}^9 \\ \overset{VI}{R}^4 \\ R^4\end{matrix}\right\} \Theta^{32}$.

Normalzusammensetzung: Si = 22,2; $Si\Theta^2$ = 47,4.
Al = 19,3; $Al\Theta^3$ = 36,1.
K = 13,7; $K^2\Theta$ = 16,5.

Glimmer von Donegal*) und Margarodit $\left.\begin{matrix}Si^9 \\ (\overset{VI}{Zc}.\ \overset{VI}{Al})^4 \\ (Na.\ K)^4\end{matrix}\right\} \Theta^{32} + 2H^2\Theta$. S. 5te Tri- u. 18te Ennasiliciumsäure.

---

*) Haughton, Jahresber. der Chem. f. 1862, S. 741.

XVI^te Ennasiliciumsäure $\left.\begin{matrix}\overset{''''}{Si^9}\\ H^{32}\end{matrix}\right\}\Theta^{34}.$

Typus : $\left.\begin{matrix}\overset{''''}{Si^9}\\ \overset{VI}{R^4}\\ R^8\end{matrix}\right\}\Theta^{34}.$

Normalzusammensetzung :	Si = 21,0;	$Si\Theta^2$ = 45,0.
	Al = 18,3;	$Al\Theta^3$ = 34,3.
	Na = 15,3;	$Na^2\Theta$ = 20,7.

Nephelin (Eläolith) $\left.\begin{matrix}\overset{''''}{Si^9}\\ \overset{VI}{Al^4}\\ (K.\ Na)^8\end{matrix}\right\}\Theta^{34}.$ S. 4te Disiliciumsäure.

XVII^te Ennasiliciumsäure $\left.\begin{matrix}\overset{''''}{Si^9}\\ H^{34}\end{matrix}\right\}\Theta^{35}.$

Grüner Ultramarin $\left.\begin{matrix}\overset{''''}{Si^9}\\ \overset{VI}{Al^4}\\ Na^{10}\end{matrix}\right\}\begin{matrix}\Theta^{34}\\ S\end{matrix} + S$ *)

Lasurstein und blauer Ultramarin $\left.\begin{matrix}\overset{''''}{Si^9}\\ \overset{VI}{Al^4}\\ Na^{10}\end{matrix}\right\}\begin{matrix}\Theta^{34}\\ S\end{matrix} + S^4$ *).

Normalzusammensetzung:	Si = 17,9;	$Si\Theta^2$ = 38,4.
	Al = 15,6;	$Al\Theta^3$ = 29,3.
	Na = 16,4;	$Na^2\Theta$ = 17,6.
	S = 11,4;	Na^2S = 5,6.
		S = 9,1.

---

*) Als Persulfide geschrieben.

XVIII^te. Ennasiliciumsäure $\left.\begin{matrix}\overset{''''}{Si}{}^9\\ H^{36}\end{matrix}\right\}\Theta^{36}.$

(Ortho-Ennasiliciumsäure.)

Typus: $\left.\begin{matrix}\overset{''''}{Si}{}^9\\ \overset{VI}{R}{}^2\\ \overset{''}{R}{}^{11}\\ R^2\end{matrix}\right\}\Theta^{36}.$

Normalzusammensetzung: Si = 19,7; $Si\Theta^2$ = 42,2.
Al = 8,6; $Al\Theta^3$ = 16,1.
Mg = 20,6; $Mg\Theta$ = 34,4.
K = 6,1; $K^2\Theta$ = 7,3.

Glimmer $\left.\begin{matrix}\overset{''''}{Si}{}^9\\ \overset{VI}{Al}{}^2\\ (\overset{''}{Ca}.\ \overset{''}{mn}.\ \overset{''}{fe}.\ \overset{''}{Mg})^{11}\\ (Na.\ K)^2\end{matrix}\right\}\Theta^{36}.$ S. 5te Tri-, 7te Tetra-, 10te Hexa- und 4te Ennasiliciumsäure.

Typus: $\left.\begin{matrix}\overset{''''}{Si}{}^9\\ \overset{VI}{R}{}^2\\ \overset{''}{R}{}^{12}\end{matrix}\right\}\Theta^{36}.$

Normalzusammensetzung: Si = 17,8; $Si\Theta^2$ = 38,1.
Al = 7,8; $Al\Theta^3$ = 14,5.
Ca = 33,8; $Ca\Theta$ = 47,4.

Vesuvian und Humboldtilithschlacke*) $\left.\begin{matrix}\overset{''''}{Si}{}^9\\ \overset{VI}{Al}{}^2\\ \overset{''}{Ca}{}^{12}\end{matrix}\right\}\Theta^{36}.$ S. 6te Trisiliciumsäure.

Enceladit $\left.\begin{matrix}(\overset{''''}{Ti}.\ \overset{''''}{Si})^9\\ \overset{VI}{Al}{}^2\\ (\overset{''}{fe}.\ \overset{''}{Mg})^{12}\end{matrix}\right\}\Theta^{36} + 6H^2\Theta.$

Kämmerit $\left.\begin{matrix}\overset{''''}{Si}{}^9\\ (\overset{VI}{Cr}.\ \overset{VI}{Al})^2\\ \overset{''}{Mg}{}^{12}\end{matrix}\right\}\Theta^{36} + 12H^2\Theta.$

---

*) Bothe, Jour. pr. Chem. LXXVIII, 222; Jahresber. d. Chem. f. 1859, S. 152.

Pyrosklerit $\left.\begin{matrix} \overset{''''}{Si}^{9} \\ (\overset{VI}{Cr}.\ \overset{VI}{Al})^{2} \\ \overset{''}{fe}^{12} \end{matrix}\right\} \Theta^{36} + 9H^{2}\Theta$. S. 9te Tetrasiliciumsäure.

Typus : $\left.\begin{matrix} \overset{''''}{Si}^{9} \\ \overset{'''}{R}^{2} \\ \overset{VI}{R}^{3} \\ \overset{''}{Ca}^{6} \end{matrix}\right\} \Theta^{36}$.

Normalzusammensetzung : Si = 20,1; $Si\Theta^2$ = 43,0.
B = 1,8; $B^2\Theta^3$ = 5,6.
Al = 13,2; $Al\Theta^3$ = 24,6.
Ca = 19,1; $Ca\Theta$ = 26,8.

Axinit $\left.\begin{matrix} \overset{''''}{Si}^{9} \\ \overset{'''}{B}^{2} \\ \overset{VI}{Al}^{3} \\ \overset{''}{Ca}^{6} \end{matrix}\right\} \Theta^{36}$. S. 15te Octasiliciumsäure.

Typus : $\left.\begin{matrix} \overset{''''}{Si}^{9} \\ \overset{VI}{R}^{4} \\ \overset{''}{R}^{5} \\ R^{2} \end{matrix}\right\} \Theta^{36}$.

Normalzusammensetzung : Si = 19,5; $Si\Theta^2$ = 41,8.
Al = 17,1; $Al\Theta^3$ = 31,8.
Ca = 15,4; $Ca\Theta$ = 21,6.
Na = 3,6; $Na^2\Theta$ = 4,8.

Mejonit *) $\left.\begin{matrix} \overset{''''}{Si}^{9} \\ \overset{VI}{Al}^{4} \\ (\overset{''}{Mg}.\ \overset{''}{Ca})^{5} \\ (K.\ Na)^{2} \end{matrix}\right\} \Theta^{36}$.

---

*) Damour, Jahresber. d. Chem. f. 1862, S. 738. — S. S. 11.

Chlorastrolith $\left.\begin{matrix} \overset{''''}{Si^9} \\ (\overset{vi}{Fe}.\ \overset{vi}{Al})^4 \\ \overset{''}{Ca^5} \\ Na^2 \end{matrix}\right\} \Theta^{36} + 6\,H^2\Theta.$

Typus : $\left.\begin{matrix} \overset{''''}{Si^9} \\ \overset{vi}{R^4} \\ \overset{''}{R^6} \end{matrix}\right\} \Theta^{36}.$

Normalzusammensetzung : Si = 19,6; $Si\Theta^2$ = 41,9.
Al = 17,1; $Al\Theta^3$ = 32,0.
Ca = 18,6; $Ca\Theta$ = 26,1.

Epidot, Mejonit und Zoïsit $\left.\begin{matrix} \overset{''''}{Si^9} \\ \overset{vi}{Al^4} \\ \overset{''}{Ca^6} \end{matrix}\right\} \Theta^{36}.$ S. 9te Tetrasiliciumsäure.

Zeuxit $\left.\begin{matrix} \overset{''''}{Si^9} \\ \overset{vi}{Al^4} \\ (\overset{''}{Ca}.\ \overset{''}{fe})^6 \end{matrix}\right\} \Theta^{36} + 6\,H^2\Theta.$ S. 17te Octasiliciumsäure.

Chalilith $\left.\begin{matrix} \overset{''''}{Si^9} \\ \overset{vi}{Al^4} \\ \overset{''}{Ca^6} \end{matrix}\right\} \Theta^{36} + 12\,H^2\Theta.$ S. 9te Tetrasiliciumsäure.

Pimelith $\left.\begin{matrix} \overset{''''}{Si^9} \\ \overset{vi}{Al^4} \\ (\overset{''}{fe}.\ \overset{''}{Ni})^6 \end{matrix}\right\} \Theta^{36} + 18\,H^2\Theta.$ S. 1te Di- und 2te Trisiliciumsäure.

Hisingerit $\left.\begin{matrix} \overset{''''}{Si^9} \\ \overset{vi}{Fe^4} \\ \overset{''}{fe^6} \end{matrix}\right\} \Theta^{36} + 12$ und $18\,H^2\Theta.$ S. 3te und 6te Trisiliciumsäure.

XX^te Ennasiliciumsäure $\left.\begin{matrix}\overset{''''}{Si}{}^{9}\\ H^{40}\end{matrix}\right\}\Theta^{38}$.

Typus : $\left.\begin{matrix}\overset{''''}{Si}{}^{9}\\ \overset{VI}{R}{}^{2}\\ R^{14}\end{matrix}\right\}\Theta^{38}$.

Normalzusammensetzung : Si = 19,3; $Si\Theta^2$ = 41,3.
Al = 8,4; $Al\Theta^3$ = 15,8.
Mg = 25,7; $Mg\Theta$ = 42,9.

Pennin $\left.\begin{matrix}\overset{''''}{Si}{}^{9}\\ \overset{VI}{Al}{}^{2}\\ (\overset{''}{fe}.\ \overset{''}{Mg})^{14}\end{matrix}\right\}\Theta^{38} + 10H^2\Theta$. S. 8te Trisiliciumsäure.

Typus : $\left.\begin{matrix}\overset{''''}{Si}{}^{9}\\ \overset{VI}{R}{}^{6}\\ \overset{''}{R}{}^{2}\end{matrix}\right\}\Theta^{38}$.

Normalzusammensetzung : Si = 19,8; $Si\Theta^2$ = 42,5.
Al = 25,9; $Al\Theta^3$ = 48,7.
Ca = 6,3; $Ca\Theta$ = 8,8.

Euphyllit $\left.\begin{matrix}\overset{''''}{Si}{}^{9}\\ \overset{VI}{Al}{}^{6}\\ \overset{''}{Ca}{}^{2}\end{matrix}\right\}\Theta^{38} + 4H^2\Theta$.

XXI$^{te}_{n}$ Ennasiliciumsäure $\left.\begin{matrix} \overset{''''}{Si^9} \\ H^{42} \end{matrix}\right\} \Theta^{39}$.

$$\textit{Typus}: \left.\begin{matrix} \overset{''''}{Si^9} \\ \overset{VI}{R^3} \\ \overset{''}{R^{12}} \end{matrix}\right\} \Theta^{39}.$$

Normalzusammensetzung: Si = 19,9; $Si\Theta^2$ = 40,6.
Al = 12,4; $Al\Theta^3$ = 23,3.
Mg = 21,7; $Mg\Theta$ = 36,1.

Aphrosideritartiges Mineral *) $\left.\begin{matrix} \overset{''''}{Si^9} \\ \overset{VI}{Al^3} \\ (\overset{''}{Mg}.\ \overset{''}{fe})^{12} \end{matrix}\right\} \Theta^{39} + 6H^2\Theta$.
S. 6te Disiliciumsäure.

Decasilicate.

X$^{te}_{n}$ Decasiliciumsäure $\left.\begin{matrix} \overset{''''}{Si^{10}} \\ H^{20} \end{matrix}\right\} \Theta^{30}$.

$$\textit{Typus}: \left.\begin{matrix} \overset{''''}{Si^{10}} \\ \overset{VI}{R^3} \\ \overset{''}{R} \end{matrix}\right\} \Theta^{30}.$$

Normalzusammensetzung: Si = 29,5; $Si\Theta^2$ = 63,2.
Al = 17,4; $Al\Theta^3$ = 32,6.
Mg = 2,5; $Mg\Theta$ = 4,2.

Pyrophyllit $\left.\begin{matrix} \overset{''''}{Si^{10}} \\ \overset{VI}{Al^3} \\ \overset{''}{Mg} \end{matrix}\right\} \Theta^{30} + 3H^2\Theta$.

---

*) Igelström, Jahresber. d. Chem. f. 1861, S. 1013.

XVte Decasiliciumsäure $\left.\begin{matrix}\overset{''''}{Si}{}^{10}\\ H^{30}\end{matrix}\right\}\Theta^{35}.$

$$Typus: \left.\begin{matrix}\overset{''''}{Si}{}^{10}\\ \overset{VI}{R}{}^{4}\\ \overset{''}{R}{}^{8}\end{matrix}\right\}\Theta^{35}.$$

Normalzusammensetzung:	Si = 19,0;	$SiΘ^2$ = 40,8.
	Al = 15,0;	$AlΘ^3$ = 28,0.
	Ba = 27,9;	BaΘ = 31,2.

Edingtonit $\left.\begin{matrix}\overset{''''}{Si}{}^{10}\\ \overset{VI}{Al}{}^{4}\\ \overset{''}{Ba}{}^{8}\end{matrix}\right\}\Theta^{35} + 12\,H^2\Theta.$

Hendecasilicate.

XIIIte Hendecasiliciumsäure $\left.\begin{matrix}\overset{''''}{Si}{}^{11}\\ H^{26}\end{matrix}\right\}\Theta^{35}.$

$$Typus: \left.\begin{matrix}\overset{''''}{Si}{}^{11}\\ \overset{VI}{R}{}^{4}\\ R^{2}\end{matrix}\right\}\Theta^{35}.$$

Normalzusammensetzung:	Si = 26,4;	$SiΘ^2$ = 56,6.
	Al = 18,9;	$AlΘ^3$ = 35,3.
	K = 6,8;	$K^2Θ$ = 8,1.

Agalmatolith $\left.\begin{matrix}\overset{''''}{Si}{}^{11}\\ \overset{VI}{Al}{}^{4}\\ K^{2}\end{matrix}\right\}\Theta^{35} + 3\,H^2\Theta.$

XIV^{te} Hendecasiliciumsäure $\left.\begin{matrix}\overset{''''}{Si}{}^{11}\\ H^{28}\end{matrix}\right\}\Theta^{36}$.

$$Typus: \left.\begin{matrix}\overset{''''}{Si}{}^{11}\\ \overset{VI}{R}{}^{4}\\ \overset{''}{R}{}^{2}\end{matrix}\right\}\Theta^{36}.$$

Normalzusammensetzung: Si = 21,4; SiΘ^2 = 45,7.
Fe = 31,0; FeΘ^3 = 44,3.
fe = 7,8; feΘ = 10,0.

Pinguit $\left.\begin{matrix}\overset{''''}{Si}{}^{11}\\ \overset{VI}{Fe}{}^{4}\\ \overset{''}{fe}{}^{2}\end{matrix}\right\}\Theta^{36} + 30H^2\Theta$. S. 3te Trisiliciumsäure.

XV^{te} Hendecasiliciumsäure $\left.\begin{matrix}\overset{''''}{Si}{}^{11}\\ H^{30}\end{matrix}\right\}\Theta^{37}$.

$$Typus: \left.\begin{matrix}\overset{''''}{Si}{}^{11}\\ \overset{VI}{R}{}^{4}\\ \overset{''}{R}{}^{2}\\ R^{2}\end{matrix}\right\}\Theta^{37}.$$

Normalzusammensetzung: Si = 24,1; SiΘ^2 = 51,6.
Al = 17,2; AlΘ^3 = 32,2.
Ca = 6,3; CaΘ = 8,8.
K = 6,1; K$^2\Theta$ = 7,4.

Gismondin (Zeagonit) $\left.\begin{matrix}\overset{''''}{Si}{}^{11}\\ \overset{VI}{Al}{}^{4}\\ \overset{''}{Ca}{}^{2}\\ K^{2}\end{matrix}\right\}\Theta^{37} + 15H^2\Theta$. (Kobell.)
S. 4te Di-, 8te Hexa- und 10te Ennasiliciumsäure.

XXte Hendecasiliciumsäure $\left.\begin{matrix}\overset{''''}{Si^{11}}\\H^{40}\end{matrix}\right\}\Theta^{42}$.

$$Typus:\ \left.\begin{matrix}\overset{''''}{Si^{11}}\\\overset{VI}{R^{6}}\\R^{4}\end{matrix}\right\}\Theta^{42}.$$

Normalzusammensetzung:			
Si	= 22,0 ;	$Si\Theta^2$	= 47,1.
Al	= 23,5 ;	$Al\Theta^3$	= 44,1.
Na^4	= 6,6 ;	$Na^2\Theta$	= 8,8.

Pregrattit *) (Natronglimmer) $\left.\begin{matrix}\overset{''''}{Si^{11}}\\\overset{VI}{Al^{6}}\\(K.\ Na)^{4}\end{matrix}\right\}\Theta^{42}$.

XXIVte Hendecasiliciumsäure $\left.\begin{matrix}\overset{''''}{Si^{11}}\\H^{48}\end{matrix}\right\}\Theta^{46}$.

$$Typus:\ \left.\begin{matrix}\overset{''''}{Si^{11}}\\\overset{''}{R^{2}}\\\overset{VI}{R^{5}}\\\overset{''}{R^{2}}\\R^{10}\end{matrix}\right\}\Theta^{46}.$$

Normalzusammensetzung:			
Si	= 18,3;	$Si\Theta^2$	= 39,2.
$C\Theta$	= 3,3;	$C\Theta^2$	= 5,2.
Al	= 16,3;	$Al\Theta^3$	= 30,6.
Ca	= 4,7;	$Ca\Theta$	= 6,6.
Na	= 13,6;	$Na^2\Theta$	= 18,4.

Cancrinit **) $\left.\begin{matrix}\overset{''''}{Si^{11}}\\(\overset{''}{C\Theta})^{2}\\\overset{VI}{Al^{5}}\\\overset{''}{Ca^{2}}\\Na^{10}\end{matrix}\right\}\Theta^{46}$.

---

*) Oellacher, Jahresber. d. Chem. f. 1862, S. 747. Nach Rammelsberg identisch mit Paragonit.

**) Er wäre 1 Mol. Eläolith mit 2 Mol. Calciumcarbonat.

Dodecasilicate.

VII^te^ Dodecasiliciumsäure $\left.\begin{matrix}\overset{''''}{Si}{}^{12}\\ H^{14}\end{matrix}\right\}\Theta^{31}$.

$$\textit{Typus:}\quad \left.\begin{matrix}\overset{''''}{Si}{}^{12}\\ \overset{VI}{R}{}^{2}\\ R^{2}\end{matrix}\right\}\Theta^{31}.$$

Normalzusammensetzung : Si = 35,1; SiO^2 = 75,3.
Al = 11,5; AlO^3 = 21,6.
Li = 1,5; Li^2O = 3,1.

$$\text{Petalit}\quad \left.\begin{matrix}\overset{''''}{Si}{}^{12}\\ \overset{VI}{Al}{}^{2}\\ (Na.\ Li)^{2}\end{matrix}\right\}\Theta^{31}.$$

XII^te^ Dodecasiliciumsäure $\left.\begin{matrix}\overset{''''}{Si}{}^{12}\\ H^{24}\end{matrix}\right\}\Theta^{36}$.

$$\textit{Typus:}\quad \left.\begin{matrix}\overset{''''}{Si}{}^{12}\\ \overset{VI}{R}\\ \overset{''}{R}{}^{9}\end{matrix}\right\}\Theta^{36}.$$

Normalzusammensetzung : Si = 24,3; SiO^2 = 52,0.
Fe = 8,1; FeO^3 = 11,6.
Ca = 26,0; CaO = 36,4.

$$\text{Babingtonit}\quad \left.\begin{matrix}\overset{''''}{Si}{}^{12}\\ \overset{VI}{Fe}\\ (\overset{''}{mn}.\ \overset{''}{fe}.\ \overset{''}{Ca})^{9}\end{matrix}\right\}\Theta^{36}.$$

XVte Dodecasiliciumsäure $\left.\begin{matrix}\overset{''''}{Si}^{12}\\ H^{30}\end{matrix}\right\}\Theta^{39}$.

Typus : $\left.\begin{matrix}\overset{''''}{Si}^{12}\\ \overset{VI}{R}^{2}\\ \overset{''}{R}^{9}\end{matrix}\right\}\Theta^{39}$.

Normalzusammensetzung : Si = 21,8; $Si\Theta^2$ = 46,6.
Fe = 14,5; $Fe\Theta^3$ = 20,7.
Ca = 23,3; $Ca\Theta$ = 32,7.

Schorlamit (Ferrotitanit) $\left.\begin{matrix}(\overset{''''}{Ti}.\ \overset{''''}{Si})^{12}\\ \overset{VI}{Fe}^{2}\\ \overset{''}{Ca}^{9}\end{matrix}\right\}\Theta^{39}$. S. 7te Pentasiliciumsäure.

XVIte Dodecasiliciumsäure $\left.\begin{matrix}\overset{''''}{Si}^{12}\\ H^{32}\end{matrix}\right\}\Theta^{40}$.

Typus : $\left.\begin{matrix}\overset{''''}{Si}^{12}\\ \overset{VI}{R}^{4}\\ \overset{''}{R}^{3}\\ R^{2}\end{matrix}\right\}\Theta^{40}$.

Normalzusammensetzung : Si = 24,7; $Si\Theta^2$ = 52,9.
Al = 16,1; $Al\Theta^3$ = 30,2.
Ca = 8,8; $Ca\Theta$ = 12,3.
Na = 3,4; $Na^2\Theta$ = 4,6.

Kalk-Natron-Labrador $\left.\begin{matrix}\overset{''''}{Si}^{12}\\ \overset{VI}{Al}^{4}\\ \overset{''}{Ca}^{3}\\ Na^{2}\end{matrix}\right\}\Theta^{40}$. S. 12te Ennasiliciumsäure.

$$\textit{Typus:}\quad \left.\begin{array}{l}\overset{''''}{\mathrm{Si}}{}^{12}\\ \overset{\mathrm{VI}}{\mathrm{R}}{}^{5}\\ \mathrm{R}^{2}\end{array}\right\}\Theta^{40}.$$

Normalzusammensetzung: Si = 25,2; $Si\Theta^2$ = 54,2.
Al = 20,7; $Al\Theta^3$ = 38,7.
K = 5,9; $K^2\Theta$ = 7,1.

$$\text{Pinitoïd *)}\quad \left.\begin{array}{l}\overset{''''}{\mathrm{Si}}{}^{12}\\ \overset{\mathrm{VI}}{\mathrm{Al}}{}^{5}\\ \mathrm{K}^{2}\end{array}\right\}\Theta^{40} + 6\,H^2\Theta.$$

XX^te^ Dodecasiliciumsäure $\left.\begin{array}{l}\overset{''''}{\mathrm{Si}}{}^{12}\\ \mathrm{H}^{40}\end{array}\right\}\Theta^{44}$.

$$\textit{Typus:}\quad \left.\begin{array}{l}\overset{''''}{\mathrm{Si}}{}^{12}\\ \overset{\mathrm{VI}}{\mathrm{R}}{}^{6}\\ \mathrm{R}^{4}\end{array}\right\}\Theta^{44}.$$

Normalzusammensetzung: Si = 22,0; $Si\Theta^2$ = 47,1.
Al = 21,6; $Al\Theta^3$ = 40,6.
K = 10,2; $K^2\Theta$ = 12,3.

$$\text{Damourit}\quad \left.\begin{array}{l}\overset{''''}{\mathrm{Si}}{}^{12}\\ \overset{\mathrm{VI}}{\mathrm{Al}}{}^{6}\\ \mathrm{K}^{4}\end{array}\right\}\Theta^{44} + 4\,H^2\Theta.$$

---

*) Terreil, Jahresber. der Chem. f. 1861, S. 1008.

$$Typus:\ \left.\begin{array}{l}\overset{''''}{Si}{}^{12}\\ \overset{'''}{R}{}^{2}\\ \overset{VI}{R}{}^{5}\\ \overset{''}{R}\\ R^{2}\end{array}\right\}\Theta^{44}.$$

Normalzusammensetzung:

Si	= 23,1;	$Si\Theta^2$	=	49,5.
B	= 1,5;	$B^2\Theta^3$	=	4,8.
Al	= 18,9;	$Al\Theta^3$	=	35,4.
Ca	= 2,7;	$Ca\Theta$	=	3,8.
K	= 5,4;	$K^2\Theta$	=	6,5.

Eisen-Mangan-Turmalin nach Rammelsberg*)

$$\left.\begin{array}{c}\overset{''''}{Si}{}^{12}\\ \overset{'''}{B}{}^{2}\\ \overset{VI}{Al}\\ (\overset{''}{Ca}.\ \overset{''}{Mg}.\ \overset{''}{mn}.\ \overset{''}{fe})\\ (Li.\ Na.\ K)^2\end{array}\right\}\Theta^{44}.$$

XXX^te Dodecasiliciumsäure $\left.\begin{array}{l}\overset{''''}{Si}{}^{12}\\ H^{60}\end{array}\right\}\Theta^{54}$.

$$Typus:\ \left.\begin{array}{l}\overset{''''}{Si}{}^{12}\\ \overset{VI}{R}{}^{4}\\ \overset{''}{R}{}^{18}\end{array}\right\}\Theta^{54}.$$

Normalzusammensetzung:

Si	= 15,7;	$Si\Theta^2$	=	33,6.
Al	= 10,3;	$Al\Theta^3$	=	19,3.
Ca	= 33,6;	$Ca\Theta$	=	47,1.

---

*) Rammelsberg unterscheidet, indem er die Borsäure zu den Sesquioxyden rechnet:

A. Lithionfreie Turmaline. Braune und schwarze Turmaline.
1. Magnesia-Turmalin. S. 24te Pentadecasiliciumsäure.
2. Magnesia-Eisen-Turmalin. S. 30te Octokaidecasiliciumsäure.
3. Eisen-Turmalin. S. 42te Eikositetrasiliciumsäure.

B. Lithion-Turmaline. Blaue, grüne, rothe und farblose Turmaline.
1. Eisen-Mangan-Turmalin. S. oben.
2. Mangan-Turmalin. S. 24te Pentadecasiliciumsäure.

Chonikrit $\left.\begin{matrix}\overset{''''}{Si}^{12} \\ \overset{vi}{Al}^{4} \\ (\overset{''}{fe}.\ \overset{''}{Ca}.\ \overset{''}{Mg})^{18}\end{matrix}\right\}\Theta^{54} + 12H^2\Theta$. S. 16te Hepta- und 30te Pentadecasiliciumsäure.

$$Typus: \left.\begin{matrix}\overset{''''}{Si}^{12} \\ \overset{'''}{R}^{2} \\ \overset{vi}{R}^{8} \\ \overset{''}{R} \\ R^{4}\end{matrix}\right\}\Theta^{54}.$$

Normalzusammensetzung:	Si	=	18,9;	$Si\Theta^2$	=	40,5.
	B	=	1,2;	$B^2\Theta^3$	=	3,9.
	Al	=	24,7;	$Al\Theta^3$	=	46,4.
	Mg	=	1,3;	$Mg\Theta$	=	2,2.
	Na	=	5,2;	$Na^2\Theta$	=	7,0.

Folgende Turmaline nach Gmelin: *)

Grüner Natron-Turmalin von Chesterfield (Lithiumfrei)

Lithiumhaltige Turmaline (Apyrit; Rubellit; Siberit) $\left.\begin{matrix}\overset{''''}{Si}^{12} \\ \overset{'''}{B}^{2} \\ \overset{vi}{Al}^{8} \\ (\overset{''}{fe}.\ \overset{''}{Ca}.\ \overset{''}{Mg}) \\ (Na.\ Li)^{4}\end{matrix}\right\}\Theta^{54}.$

---

*) Nach Gmelin kämen die Turmaline zur

30ten Dodecasiliciumsäure $\left.\begin{matrix}\overset{''''}{Si}^{12} \\ H^{60}\end{matrix}\right\}\Theta^{54}.$

31ten „ $\left.\begin{matrix}\overset{''''}{Si}^{12} \\ H^{62}\end{matrix}\right\}\Theta^{55}.$

33ten „ $\left.\begin{matrix}\overset{''''}{Si}^{12} \\ H^{66}\end{matrix}\right\}\Theta^{57}.$

35ten „ $\left.\begin{matrix}\overset{''''}{Si}^{12} \\ H^{70}\end{matrix}\right\}\Theta^{59}.$

XXXI^{te} Dodecasiliciumsäure $\left.\begin{matrix}\overset{''''}{Si}{}^{12}\\ H^{62}\end{matrix}\right\}\Theta^{55}$.

Typus : $\left.\begin{matrix}\overset{''''}{Si}{}^{12}\\ \overset{'''}{R}{}^{2}\\ \overset{VI}{R}{}^{8}\\ \overset{''}{R}{}^{4}\end{matrix}\right\}\Theta^{55}$.

Normalzusammensetzung : Si $=$ 18,9 ; $Si\Theta^2$ $=$ 40,6.
B $=$ 1,3 ; $B^2\Theta^3$ $=$ 4,0.
Al $=$ 24,8 ; $Al\Theta^3$ $=$ 46,4.
Mg $=$ 5,4 ; $Mg\Theta$ $=$ 9,0.

Brauner Turmalin vom Gotthard und schwarzer aus Grönland $\left.\begin{matrix}\overset{''''}{Si}{}^{12}\\ \overset{'''}{B}{}^{2}\\ (\overset{VI}{Fe}.\ \overset{VI}{Al})^{8}\\ (\overset{''}{fe}.\ \overset{''}{Ca}.\ \overset{''}{Mg})^{4}\end{matrix}\right\}\Theta^{55}$. (Gmelin.)

XXXIII^{te} Dodecasiliciumsäure $\left.\begin{matrix}\overset{''''}{Si}{}^{12}\\ H^{66}\end{matrix}\right\}\Theta^{57}$.

Typus : $\left.\begin{matrix}\overset{''''}{Si}{}^{12}\\ \overset{'''}{R}{}^{2}\\ \overset{VI}{R}{}^{8}\\ \overset{''}{R}{}^{5}\\ R^{2}\end{matrix}\right\}\Theta^{57}$.

Normalzusammensetzung : Si $=$ 17,6 ; $Si\Theta^2$ $=$ 37,7.
B $=$ 1,2 ; $B^2\Theta^3$ $=$ 3,7.
Al $=$ 23,1 ; $Al^2\Theta^3$ $=$ 43,2.
Mg $=$ 6,3 ; $Mg\Theta$ $=$ 10,5.
K $=$ 4,1 ; $K^2\Theta$ $=$ 4,9.

Schwarzer Turmalin von Bovey (enthält besonders $\overset{''}{fe}$), von Käringbricka und von Rabenstein $\left.\begin{matrix}\overset{''''}{Si}{}^{12}\\ \overset{'''}{B}{}^{2}\\ \overset{VI}{Al}{}^{8}\\ (\overset{''}{Ca}.\ \overset{''}{fe}.\ \overset{''}{Mg})^{5}\\ (Na.\ K)^{2}\end{matrix}\right\}\Theta^{57}$. (Gmelin.)

XXXV^{te} Dodecasiliciumsäure $\left.\begin{matrix}\overset{''''}{Si}{}^{12}\\ H^{70}\end{matrix}\right\}\Theta^{59}.$

$$\textit{Typus:}\quad \left.\begin{matrix}\overset{''''}{Si}{}^{12}\\ \overset{'''}{R}{}^{2}\\ \overset{VI}{R}{}^{8}\\ \overset{''}{R}{}^{6}\\ R^{4}\end{matrix}\right\}\Theta^{59}.$$

Normalzusammensetzung:	Si	=	15,5;	$Si\Theta^2$	=	33,2.
	B	=	1,0;	$B^2\Theta^3$	=	3,2.
	Al	=	20,3;	$Al\Theta^3$	=	38,0.
	fe	=	15,5;	$fe\Theta$	=	19,9.
	Na	=	4,2;	$Na^2\Theta$	=	5,7.

Schwarzer Turmalin von Eibenstock $\left.\begin{matrix}\overset{''''}{Si}{}^{12}\\ \overset{'''}{B}{}^{2}\\ \overset{VI}{Al}{}^{8}\\ (\overset{''}{Ca}.\ \overset{''}{fe})^{6}\\ Na^{4}\end{matrix}\right\}\Theta^{59}.$

Pentadecasilicate.

VI^{te} Pentadecasiliciumsäure $\left.\begin{matrix}\overset{''''}{Si}{}^{15}\\ H^{12}\end{matrix}\right\}\Theta^{36}.$

$$\textit{Typus:}\quad \left.\begin{matrix}\overset{''''}{Si}{}^{15}\\ \overset{''}{R}{}^{6}\end{matrix}\right\}\Theta^{36}.$$

Normalzusammensetzung:	Si	=	36,8;	$Si\Theta^2$	=	78,9.
	Mg	=	12,6;	$Mg\Theta$	=	21,1.

Speckstein $\left.\begin{matrix}\overset{''''}{Si}{}^{15}\\ (\overset{''}{fe}.\ \overset{''}{Mg})^{6}\end{matrix}\right\}\Theta^{36} + 4H^2\Theta.$ S. 2te Tri- und 3te Tetrasiliciumsäure.

$$\textit{Typus:}\quad \left.\begin{array}{l}\overset{''''}{Si}{}^{15}\\ \overset{VI}{R}\\ \overset{''}{R}{}^{3}\end{array}\right\}\Theta^{36}.$$

Normalzusammensetzung: Si = 35,9; $Si\Theta^2$ = 76,8.
Al = 4,6; $Al\Theta^3$ = 8,8.
Ca = 10,2; $Ca\Theta$ = 14,4.

$$\text{Normaltrachytisches Gestein}\quad \left.\begin{array}{l}\overset{''''}{Si}{}^{15}\\ \overset{VI}{Al}\\ \overset{''}{Ca}{}^{3}\end{array}\right\}\Theta^{36}.\quad \text{(Bunsen.)}$$

XV^{te} Pentadecasiliciumsäure $\left.\begin{array}{l}\overset{''''}{Si}{}^{15}\\ H^{30}\end{array}\right\}\Theta^{45}$.

$$\textit{Typus:}\quad \left.\begin{array}{l}\overset{''''}{Si}{}^{15}\\ \overset{VI}{R}{}^{2}\\ \overset{''}{R}{}^{6}\\ R^{6}\end{array}\right\}\Theta^{45}.$$

Normalzusammensetzung: Si = 25,8; $Si\Theta^2$ = 55,3.
Al = 6,8; $Al\Theta^3$ = 12,7.
Ca = 14,7; $Ca\Theta$ = 20,6.
Na = 8,5; $Na^2\Theta$ = 11,4.

$$\text{Glaukophan}\quad \left.\begin{array}{c}\overset{''''}{Si}{}^{15}\\ \overset{VI}{Al}{}^{2}\\ (\overset{''}{fe}.\ \overset{''}{Mg}.\ \overset{''}{Ca})^{6}\\ (K.\ Na)^{6}\end{array}\right\}\Theta^{45}.$$

$$\textit{Typus:}\quad \left.\begin{array}{l}\overset{''''}{Si}{}^{15}\\ \overset{VI}{R}{}^{4}\\ R^{6}\end{array}\right\}\Theta^{45}.$$

Normalzusammensetzung: Si = 29,9; $Si\Theta^2$ = 64,2.
Al = 15,7; $Al\Theta^3$ = 29,4.
Li = 3,0; $Li^2\Theta$ = 6,4.

$$\text{Spodumen (Triphan)}\quad \left.\begin{array}{c}\overset{''''}{Si}{}^{15}\\ \overset{VI}{Al}{}^{4}\\ (Na.\ Li)^{6}\end{array}\right\}\Theta^{45}.$$

XVII^{te} Pentadecasiliciumsäure $\left.\begin{matrix}\overset{''''}{Si}{}^{15}\\ H^{34}\end{matrix}\right\}\Theta^{47}$.

Typus : $\left.\begin{matrix}\overset{''''}{Si}{}^{15}\\ \overset{VI}{R}{}^{5}\\ R^{4}\end{matrix}\right\}\Theta^{47}$.

Normalzusammensetzung: Si = 21,6; SiO^2 = 46,4.
Al = 14,2; AlO^3 = 26,6.
Cs = 25,3; Cs^2O = 27,0.

Pollux *) $\left.\begin{matrix}\overset{''''}{Si}{}^{15}\\ \overset{VI}{Al}{}^{5}\\ (Li.\ Na.\ Cs)^{4}\end{matrix}\right\}\Theta^{47} + 2\,H^2\Theta$.

XVIII^{te} Pentadecasiliciumsäure $\left.\begin{matrix}\overset{''''}{Si}{}^{15}\\ H^{36}\end{matrix}\right\}\Theta^{48}$.

Typus : $\left.\begin{matrix}\overset{''''}{Si}{}^{15}\\ \overset{VI}{R}{}^{4}\\ \overset{''}{R}{}^{5}\\ R^{2}\end{matrix}\right\}\Theta^{48}$.

Normalzusammensetzung: Si = 25,4; SiO^2 = 54,4.
Al = 13,3; AlO^3 = 24,9.
Ca = 12,1; CaO = 16,9.
Na = 2,6; Na^2O = 3,8.

Skapolith $\left.\begin{matrix}\overset{''''}{Si}{}^{15}\\ \overset{VI}{Al}{}^{4}\\ \overset{''}{Ca}{}^{5}\\ (K.\ Na)^{2}\end{matrix}\right\}\Theta^{48}$. S. Wernerit, 4te Di-, 8te Penta-, 9te Hexasiliciumsäure.

*) Compt. rend. LVIII, 714.

XXII^{te} Pentadecasiliciumsäure $\left.\begin{matrix}\overset{''''}{Si}{}^{15}\\ H^{44}\end{matrix}\right\}\Theta^{52}.$

$$\textit{Typus}:\ \left.\begin{matrix}\overset{''''}{Si}{}^{15}\\ \overset{VI}{R}{}^{6}\\ \overset{''}{R}{}^{4}\end{matrix}\right\}\Theta^{52}.$$

Normalzusammensetzung:	Si	=	25,0;	$Si\Theta^2$	=	53,6.
	Al	=	19,6;	$Al\Theta^3$	=	36,8.
	Mg	=	5,7;	$Mg\Theta$	=	9,6.

Aspasiolith $\left.\begin{matrix}\overset{''''}{Si}{}^{15}\\ \overset{VI}{Al}{}^{6}\\ \overset{''}{Mg}{}^{4}\end{matrix}\right\}\Theta^{52} + 8H^2\Theta.$

XXIV^{te} Pentadecasiliciumsäure $\left.\begin{matrix}\overset{''''}{Si}{}^{15}\\ H^{48}\end{matrix}\right\}\Theta^{54}.$

$$\textit{Typus}:\ \left.\begin{matrix}\overset{''''}{Si}{}^{15}\\ \overset{'''}{R}{}^{2}\\ \overset{VI}{R}{}^{5}\\ \overset{''}{R}{}^{6}\end{matrix}\right\}\Theta^{54}.$$

Normalzusammensetzung:	Si	=	24,3;	$Si\Theta^2$	=	52,2.
	B	=	1,3;	$B^2\Theta^3$	=	4,1.
	Al	=	16,0;	$Al\Theta^3$	=	29,8.
	Mg	=	8,3;	$Mg\Theta$	=	13,9.

Magnesia-Turmalin nach Rammelsberg $\left.\begin{matrix}\overset{''''}{Si}{}^{15}\\ \overset{'''}{B}{}^{2}\\ \overset{VI}{Al}{}^{5}\\ \overset{''}{Mg}{}^{6}\end{matrix}\right\}\Theta^{54}.$ S. S. 76.

XXVI^{te} Pentadecasiliciumsäure $\left.\begin{matrix}\overset{''''}{Si}{}^{15}\\ H^{52}\end{matrix}\right\}\Theta^{56}.$

$$\textit{Typus:}\quad \left.\begin{matrix}\overset{''''}{Si}{}^{15}\\ \overset{'''}{R}{}^{2}\\ \overset{VI}{R}{}^{7}\\ \overset{''}{R}\\ R^{2}\end{matrix}\right\}\Theta^{56}.$$

Normalzusammensetzung:	Si	= 23,4;	SiO^2	= 50,2.
	B	= 1,2;	B^2O^3	= 3,9.
	Al	= 21,5;	AlO^3	= 40,2.
	Mg	= 1,3;	MgO	= 2,2.
	Na	= 2,6;	Na^2O	= 3,5.

Mangan-Turmalin
nach Rammelsberg

$$\left.\begin{matrix}\overset{''''}{Si}{}^{15}\\ \overset{'''}{B}{}^{2}\\ \overset{VI}{Al}{}^{7}\\ (\overset{''}{Mg}.\ \overset{''}{mn})\\ (Li.\ K.\ Na)^{2}\end{matrix}\right\}\Theta^{56}.$$

S. S. 76. und 25te Pentasiliciumsäure.

XXX^{te} Pentadecasiliciumsäure $\left.\begin{matrix}\overset{''''}{Si}{}^{15}\\ H^{60}\end{matrix}\right\}\Theta^{60}.$

(Ortho-Pentadecasiliciumsäure.)

$$\textit{Typus:}\quad \left.\begin{matrix}\overset{''''}{Si}{}^{15}\\ \overset{VI}{R}{}^{4}\\ \overset{''}{R}{}^{18}\end{matrix}\right\}\Theta^{60}.$$

Normalzusammensetzung:	Si	= 20,7;	SiO^2	= 44,3.
	Al	= 10,8;	AlO^3	= 20,3.
	Mg	= 21,3;	MgO	= 35,4.

Chonikrit

$$\left.\begin{matrix}\overset{''''}{Si}{}^{15}\\ \overset{VI}{Al}{}^{4}\\ (\overset{''}{Ca}.\overset{''}{Mg})^{18}\end{matrix}\right\}\Theta^{60} + 12H^2\Theta.$$

S. 16te Hepta- und 30te Dodecasiliciumsäure.

Hekkaidecasilicate.

XV^{te} Hekkaidecasiliciumsäure $\left.\begin{matrix}\overset{''''}{Si}{}^{16} \\ H^{30}\end{matrix}\right\}\Theta^{47}$.

Typus: $\left.\begin{matrix}\overset{''''}{Si}{}^{16} \\ \overset{VI}{R}{}^{4} \\ \overset{''}{R}{}^{3}\end{matrix}\right\}\Theta^{47}$.

Normalzusammensetzung: Si = 29,1; $Si\Theta^2$ = 62,3.
Al = 14,3; $Al\Theta^3$ = 26,8.
Ca = 7,7; $Ca\Theta$ = 10,9

Leonhardit $\left.\begin{matrix}\overset{''''}{Si}{}^{16} \\ \overset{VI}{Al}{}^{4} \\ \overset{''}{Ca}{}^{3}\end{matrix}\right\}\Theta^{47}$. (Gmelin.) S. 4te Tetrasiliciumsäure

---

Octokaidecasilicate.

I^{te} Octokaidecasiliciumsäure $\left.\begin{matrix}\overset{''''}{Si}{}^{18} \\ H^{2}\end{matrix}\right\}\Theta^{37}$.

Typus: $\left.\begin{matrix}Si^{18} \\ R^{2}\end{matrix}\right\}\Theta^{37}$.

Normalzusammensetzung: Si = 42,9; $Si\Theta^2$ = 92,0.
K = 6,6; $K^2\Theta$ = 8,0.

Kalium-Octodecasilicat $\left.\begin{matrix}\overset{''''}{Si}{}^{18} \\ K^{2}\end{matrix}\right\}\Theta^{37}$. (Forchhammer.)

XV^te Octokaidecasiliciumsäure $\left.\begin{matrix}\overset{''''}{Si}{}^{18}\\ H^{30}\end{matrix}\right\}\Theta^{51}$.

Typus : $\left.\begin{matrix}\overset{''''}{Si}{}^{18}\\ \overset{vi}{R}{}^{4}\\ \overset{''}{R}{}^{3}\end{matrix}\right\}\Theta^{51}$.

Normalzusammensetzung : Si = 25,7; $Si\Theta^2$ = 55,2.
Al = 11,3; $Al\Theta^3$ = 21,1.
Ba = 21,1; $Ba\Theta$ = 23,7.

Harmotom (Baryt-Harmotom) $\left.\begin{matrix}\overset{''''}{Si}{}^{18}\\ \overset{vi}{Al}{}^{4}\\ (\overset{''}{Ca}.\ \overset{''}{Ba})^{3}\end{matrix}\right\}\Theta^{51} + 18 H^2\Theta$.

XX^te Octokaidecasiliciumsäure $\left.\begin{matrix}\overset{''''}{Si}{}^{18}\\ H^{40}\end{matrix}\right\}\Theta^{56}$.

Typus : $\left.\begin{matrix}\overset{''''}{Si}{}^{18}\\ \overset{''}{R}{}^{20}\end{matrix}\right\}\Theta^{56}$.

Normalzusammensetzung : Si = 20,0; $Si\Theta^2$ = 42,9.
fe = 44,5; $fe\Theta$ = 57,1.

Pyrosmalith *) $\left.\begin{matrix}\overset{''''}{Si}{}^{18}\\ (\overset{''}{Ca}.\ \overset{''}{mn}.\ \overset{''}{fe})^{20}\end{matrix}\right\}\begin{matrix}\Theta^{53}\\ Cl^{6}\end{matrix}$. S. 13te Ennasiliciumsäure.

---

*) Lang, Jahresber. d. Chem. f. 1861, S. 1017.

XLII^{te} Octokaidecasiliciumsäure $\left.\begin{matrix}\overset{''''}{Si}{}^{18}\\ H^{84}\end{matrix}\right\}\Theta^{78}.$

$$\textit{Typus:}\quad \left.\begin{matrix}\overset{''''}{Si}{}^{18}\\ \overset{'''}{R}{}^{2}\\ \overset{VI}{R}{}^{11}\\ \overset{''}{R}{}^{6}\end{matrix}\right\}\Theta^{78}.$$

Normalzusammensetzung : Si = 20,0; SiO^2 = 42,8.
B = 0,9; B^2O^3 = 2,8.
Al = 24,0; AlO^3 = 44,9.
Mg = 5,7; MgO = 9,5.

Magnesia-Eisen-Turmalin nach Rammelsberg $\left.\begin{matrix}\overset{''''}{Si}{}^{18}\\ \overset{'''}{B}{}^{2}\\ \overset{VI}{Al}{}^{11}\\ (\overset{''}{Mg}.\ \overset{''}{fe})^{6}\end{matrix}\right\}\Theta^{78}.$ S. S. 76.

Eikosihensilicate.

XLII^{te} Eikosihensiliciumsäure $\left.\begin{matrix}\overset{''''}{Si}{}^{21}\\ H^{84}\end{matrix}\right\}\Theta^{84}.$
(Ortho-Eikosihensiliciumsäure.)

$$\textit{Typus:}\quad \left.\begin{matrix}\overset{''''}{Si}{}^{21}\\ \overset{VI}{R}{}^{8}\\ \overset{''}{R}{}^{18}\end{matrix}\right\}\Theta^{84}.$$

Normalzusammensetzung : Si = 19,0; SiO^2 = 40,8.
Al = 14,2; AlO^3 = 26,6.
Ca = 23,2; CaO = 32,6.

Chloritartiges Mineral *) $\left.\begin{matrix}\overset{''''}{Si}{}^{21}\\ (\overset{VI}{Fe}.\ \overset{VI}{Al})^{8}\\ (\overset{''}{fe}.\ \overset{''}{Ca}.\ \overset{''}{Mg})^{18}\end{matrix}\right\}\Theta^{84} + 12H^2\Theta.$ S. 7te Di-, 9te Trisiliciumsäure.

*) Jahresber. d. Chem. f. 1861, S. 1010.

Eikositetrasilicate.

I^{ste} Eikositetrasiliciumsäure $\left.\begin{matrix}\overset{''''}{Si}{}^{24}\\ H^{2}\end{matrix}\right\}\Theta^{49}$.

Typus: $\left.\begin{matrix}\overset{''''}{Si}{}^{24}\\ R^{2}\end{matrix}\right\}\Theta^{49}$.

Normalzusammensetzung : Si = 43,8 ; $Si\Theta^{2}$ = 93,9.
K = 5,1 ; $K^{2}\Theta$ = 6,1.

Kalium-Eikositetrasilicat $\left.\begin{matrix}\overset{''''}{Si}{}^{24}\\ K^{2}\end{matrix}\right\}\Theta^{49}$. (Forchhammer.)

XLII^{te} Eikositetrasiliciumsäure $\left.\begin{matrix}\overset{''''}{Si}{}^{24}\\ H^{84}\end{matrix}\right\}\Theta^{90}$.

Typus: $\left.\begin{matrix}\overset{''''}{Si}{}^{24}\\ \overset{VI}{R}{}^{12}\\ \overset{''}{R}{}^{6}\end{matrix}\right\}\Theta^{90}$.

Normalzusammensetzung : Si = 21,6; $Si\Theta^{2}$ = 46,3.
Al = 21,2; $Al\Theta^{3}$ = 39,8.
fe = 10,8; $fe\Theta$ = 13,9.

Eisen-Turmalin nach Rammelsberg $\left.\begin{matrix}\overset{''''}{Si}{}^{24}\\ \overset{VI}{Al}{}^{12}\\ \overset{''}{fe}{}^{6}\end{matrix}\right\}\Theta^{90}$. S. S. 76.

Triakontahexasilicate.

I^{ste} Triakontahexasiliciumsäure $\left.\begin{matrix}\overset{''''}{Si}{}^{36}\\ H^2\end{matrix}\right\}\Theta^{73}$.

Typus: $\left.\begin{matrix}\overset{''''}{Si}{}^{36}\\ R^2\end{matrix}\right\}\Theta^{73}$.

Normalzusammensetzung: Si = 45,4; SiΘ^2 = 97,2.
Na = 2,1; Na^{2}Θ = 2,8.

Natrium-Triakontahexasilicat $\left.\begin{matrix}\overset{''''}{Si}{}^{36}\\ Na^2\end{matrix}\right\}\Theta^{73} + 4H^2\Theta$.
(Forchhammer.)

Nachträge.

S. 2. Hinter **Kerolith** :

Calciummonosilicat (Bunsen.) $\left.\begin{matrix}\overset{''''}{Si}\\ \overset{''}{Ca}\end{matrix}\right\}\Theta^3 + 6H^2\Theta$. S. Einl. S. VII.

S. 6. Hinter **Gahrschlacke** :

Monradit $\left.\begin{matrix}\overset{''''}{Si}\\ (\overset{''}{fe}.\ \overset{''}{Mg})^4\end{matrix}\right\}\Theta^6 + H^2\Theta$.

S. 9. Zum **Ophit** etc. gehört auch wohl der **Thermophyllit.**

Zu S. 13 :

$$\textit{Typus}:\ \left.\begin{matrix}\overset{''''}{Si^2}\\ \overset{VI}{R}\\ \overset{''}{R^2}\\ R^2\end{matrix}\right\}\Theta^{10}.$$

Normalzusammensetzung : Si = 13,9; $Si\Theta^2$ = 30,2.
Al = 13,9; $Al\Theta^3$ = 26,0.
Ca = 20,2; $Ca\Theta$ = 28,3.
Na = 11,6; $Na^2\Theta$ = 15,5.

Gehlenitschlacke *) $\left.\begin{matrix}\overset{''''}{Si^2}\\ \overset{VI}{Al}\\ \overset{''}{Ca^2}\\ Na^2\end{matrix}\right\}\Theta^{10}$.

Zu S. 16. Hinter **Speckstein** :

Chytophyllitschlacke **) (Blätterschmelz) $\left.\begin{matrix}\overset{''''}{Si^3}\\ (\overset{''}{fe}.\ \overset{''}{Ca})^2\end{matrix}\right\}\Theta^8$.

---

*) Jahresber. der Chem. f. 1854, S. 818. Die von Hausmann aus der Analyse von Bunsen berechnete Formel ist unrichtig.

**) Hausmann nach einer Analyse von A. Knop. Jahresber. der Chem. f. 1850, S. 710.

Hinter **Meerschaum** :

Gurolit (Gyrolit) $\left.\begin{matrix}\overset{''''}{Si^3}\\ \overset{''}{Ca^2}\end{matrix}\right\}\Theta^8 + 3\,H^2\Theta.$

S 27. Vor **Natriumtetrasilicat** :

Kaliumtetrasilicat (Wasserglas von Fuchs.) $\left.\begin{matrix}\overset{''''}{Si^4}\\ K^2\end{matrix}\right\}\Theta^9.$

S. 29. Hinter **Natrium-Aluminium-Tetrasilicat** :

Herschelit $\left.\begin{matrix}\overset{''''}{Si^4}\\ \overset{VI}{Al}\\ (K.\ Na)^2\end{matrix}\right\}\Theta^{12} + 5\,H^2O.$

S. 40. Hinter **Albit** :

Brewsterit $\left.\begin{matrix}\overset{''''}{Si^6}\\ \overset{VI}{Al}\\ (\overset{''}{Ca}.\ \overset{''}{Sr}.\ \overset{''}{Ba})\end{matrix}\right\}\Theta^{16} + 5\,H^2\Theta.$

S. 41. Hinter **VI^te Hexasiliciumsäure** :

Typus : $\left.\begin{matrix}\overset{''''}{Si^6}\\ \overset{''}{R^6}\end{matrix}\right\}\Theta^{18}.$

Normalzusammensetzung : Si = 28,0; $Si\Theta^2$ = 60,0.
Mg = 24,0; $Mg\Theta$ = 40,0.

Spadaït $\left.\begin{matrix}\overset{''''}{Si^6}\\ \overset{''}{Mg^6}\end{matrix}\right\}\Theta^{18} + 4\,H^2\Theta.$

S. 48. Hinter **Talk** :

Spadaït $\left.\begin{matrix}\overset{''''}{Si^7}\\ \overset{''}{Mg^6}\end{matrix}\right\}\Theta^{20} + 5\,H^2\Theta.$

S. 53. Zu **Axinit** : S. 18te Ennasiliciumsäure.

Register.

A.

B.

C.

D.

E.

F.

G.

N.

O.

P.

R.

S.

T.

U.

V.

W.

Druck von Wilhelm Keller in Gießen.

FSC
www.fsc.org
MIX
Papier | Fördert gute Waldnutzung
FSC® C083411

Zeitfracht Medien GmbH
Ferdinand-Jühlke-Straße 7
99095 Erfurt, Deutschland
produktsicherheit@kolibri360.de